中共間諜
戰術全解析

800起真實案例
前美國中情局官員揭露全球共諜行動的面貌

HINESE ESPIONAGE

Nicholas Eftimiades
尼可拉斯・艾夫提米亞迪斯——著

江冠廷——譯

目次

序　致堅韌的台灣人民 ………………………… 7

■ 前言 ………………………………………… 11

■ 關鍵發現 …………………………………… 13

■ 導論 ………………………………………… 15

■ 分析方法說明 ……………………………… 17

■ 中國間諜行動的法律架構 ………………… 20

■ 中國從事間諜活動的組織 ………………… 23
　　經濟間諜 ………………………………… 28
　　非法技術出口 …………………………… 29
　　其他情報組織 …………………………… 30
　　與恐怖主義相關的情報蒐集 …………… 31

獵狐行動 ………………………………………… 33
　　國安部組織架構的變化 ………………………… 34

■ **情報蒐集目標** ………………………………………… 39
　　軍事作戰層級情報蒐集目標 …………………… 47
　　「舉國體制」與新的情報蒐集商業模式 ……… 50

■ **間諜招募動機** ………………………………………… 54
　　中國的間諜招募動機：擺脫 MICE 模型 ……… 54
　　經濟間諜的動機 ………………………………… 56
　　經濟間諜的關鍵指標 …………………………… 56
　　傳統間諜行為的動機 …………………………… 58
　　針對台灣的間諜活動動機 ……………………… 60
　　傳統間諜活動的關鍵指標 ……………………… 61
　　違反技術出口的動機 …………………………… 62
　　非法技術出口的關鍵指標 ……………………… 63
　　理解間諜動機 …………………………………… 64
　　對間諜動機的總結思考 ………………………… 67

■ **國內情報蒐集行動** …………………………………… 69
　　國安部的國內情報蒐集 ………………………… 70

公安部的國內情報蒐集 ················· 74
　　統戰部與國內情報蒐集 ················· 77
　　情報局與國內情報蒐集 ················· 79
　　非官方國內情報蒐集 ··················· 79
　　法律框架 ··························· 80
　　國內技術性情報蒐集 ··················· 81
　　其他國內情報蒐集手段 ················· 83

■ 中國間諜案件分析 ······················ 86
　　間諜案件分析 ························ 86
　　國家安全案件 ························ 86
　　經濟間諜 ··························· 130
　　中共的祕密影響力與跨國壓迫 ············ 142

■ 理解中國的間諜手法 ···················· 184
　　情報手法細節 ······················· 187
　　千沙理論 ··························· 190
　　間諜手法 ··························· 192

■ 中國間諜技術的演變 ···················· 196
　　間諜行動的特徵 ····················· 197
　　情報員的操控方式 ··················· 201

■ 中國間諜活動的全球影響 205
　經濟影響 205
　國家安全影響 207

■ 結語思考 209

參考資料 215
附錄 239

序　致堅韌的台灣人民

　　1980年代，我曾有幸在台灣學習中文，並前往中國旅行。此後數十年間，我親眼見證兩個社會的不同軌跡：一個走向自由與民主；另一個則陷於壓迫與屈服。

　　時至今日，當全球地緣政治風雲驟起，台灣矗立於印太地區，成為民主、自由與創新的燈塔。這座島嶼不僅僅是地理上的存在，更是人類精神堅韌不拔的明證：一個建立在自決、開放對話與法治基礎上的社會。然而，也正因如此，台灣成為中國在隱祕影響力與控制戰爭中的首要目標。是基於這樣深刻的認識，以及對台灣安全與主權的堅定承諾，我要將本書呈現給讀者。

　　歷史上，各國皆曾動用間諜，來服務外交與軍事目標。然而，情報行動多半隱藏於陰影之下，鮮少被公開討論。通常它們只是外交的輔助工具，卻不會成為外交的主題。然而，中華人民共和國卻是個例外。它以「舉國體制」推動龐大的間諜網絡，正在改變國際社會對情報行動的執行、理解與應對方式。事實上，美中貿易戰與雙邊關係惡化的一個核心原因，正是美方要求中國停止竊取美國智慧財產與商業機密。儘管北京矢口否認，但數百件已經曝光並被起訴的案件

卻揭示了真相。這些間諜活動不僅改變了全球權力平衡，也深刻影響著台灣、美國與其他經濟體，並挑戰各國的內政、國安與外交政策的制定。

　　長久以來，中共以具有侵略性且多層次的戰略，推動其地緣政治目標，其中最重要的一環便是有系統的間諜與影響力行動。這些威脅並非只存在於情報機構的黑幕裡，而是有計畫地深入台灣社會的每一層面，無所不在，隱隱作亂——從政府機構與關鍵基礎設施，到學術研究、產業經濟，甚至人民的日常生活。在當前兩岸緊張局勢之下，理解這些行動已不再只是出於學術興趣，而是攸關國家生存、攸關民主延續的必修課。事實上，已知的中國間諜行動中，有超過三分之一直指台灣，這鐵錚錚的事實，足以顯示威脅的嚴重與迫切。這些行動的最終目的，是削弱台灣的社會韌性、破壞人民互信、侵蝕政治與軍事體制，並顛覆民主制度。

　　本書並非為了製造恐懼，而是要培養一種基於知識與理解的警醒。本書的目的是揭開中國間諜體系的面紗，說明其運作方式，並賦予台灣公民必要的知識，好讓大家能夠辨識、抵抗，並最終反制這些威脅。書中將介紹中共廣泛的情報行動，包含傳統的人力情報，也就是如何招募特務、培養線民、利用人性弱點。

　　除此之外，本書也會揭示那些更隱蔽卻同樣致命的政治影響與統戰工作。中共的戰略不只在於蒐集情報，更企圖操

控敘事、左右輿論、撕裂社會。這些手法可能偽裝為文化交流、經濟誘因、對地方組織的滲透，甚至透過社群媒體進行操弄。理解這些心理戰術，理解它們如何利用社會裂痕、放大不滿、改變人心，對維繫台灣的凝聚力與韌性至關重要。本書將提供對中共影響力行動的深度分析，揭示其目標、手段與心理槓桿。

長久以來，人們往往低估或誤解這些行動的規模與精密程度，傾向把間諜想像成黑影人物的世界，或祕密會議的集成。然而，現實遠比這更廣泛、更複雜。中共的情報機構與代理人，動用各種資源，集合國營企業、學界、研究機構，甚至貌似無害的民間團體，以「舉國體制」的方式推動戰略目標。本書正是要打破迷思，提供全面且清晰的中國間諜與影響力生態全貌。

台灣的安全，不僅取決於軍隊與情報單位的警覺，更倚重於每位公民的知識與韌性。每一個人、每一家企業、每一座學術機構、每一個社群，都是國家防線的一環。唯有了解對手的戰術，台灣才能建立更堅固的防禦、凝聚社會團結，確保繼續以自由、獨立之姿立於世界。本書也是這項努力的一環，為讀者提供實用的知識與行動建議，幫助大家成為守護台灣未來的堅實力量。

台灣面對的挑戰雖大，決心也該更強。台灣一再展現出在逆境中保持創新、韌性與堅持民主的能力。透過知識裝備

自己,培養批判思維,加強國家團結,台灣能自信地航行於這片動盪海域。本書將是讀者手中的指南,協助您理解這場隱形的戰爭,並呼籲每一位公民起身行動,能夠知情而堅定地守護自由。

願知識化為盾牌,願全民警覺守護台灣長久的力量與繁榮。

尼克・艾夫提米亞迪斯(Nick Eftimiades)

前言

　　這本著作反映了我多年來有關中國對外情報行動的蒐集、編輯、整理與分析的成果。內容也包括了文件資料來源、媒體報導,以及我在過往出版品中累積的經驗,這些經驗來自數千小時的研究與對中國情報人員、外交官、叛逃者以及被招募人員的訪談。

　　然而,未納入本書的內容,其重要性不亞於已納入的部分。本書聚焦於中國在全球的人力情報(HUMINT)行動,但不涉及中國情報機構的組織架構、預算、分析能力或技術情報蒐集。至於網路間諜行動,只有在特定案例中才會提及,這些案例是因人員提供內部權限才得以促成。

　　顯然,本研究只能反映已知的情報行動。即便檢視超過 850 起間諜案,仍有許多根本問題未能解答。例如,目前全球究竟有多少人替中國政府從事間諜活動?本書中的數百起案例,是中國全部情報行動的 90%,還是僅占

10%？中國完整的情報預算規模為何？這些問題我無法回答，也沒有人能夠回答。由於中國情報作業採取分散式「舉國體制」（whole-of-society）動員的方式，因此連中國各個情報機構與中共相關部門也無法掌握所有情報行動的全貌。儘管如此，透過大量案例與對行動細節的深入研究，我們仍能對中國的間諜行動與戰術得出某些結論。

　　我必須對許多促成本書的人表示感謝。我的女兒瑪格麗特・艾夫提米亞迪斯（Marguerite Eftimiades）進行了出色的研究工作，實習生吉兒・斯潘皮納托（Jill Spampinato）亦然。特莎・艾夫提米亞迪斯（Tessa Eftimiades）負責繪製插圖。對於那些撥冗審閱本書的中國問題研究者與情報專家，我深表感激，包括：朱恩・德萊爾博士（Dr. June Dreyer）、韓連潮博士（Dr. Lianchao Han）、法蘭克・米勒（Frank Miller）、亞歷克斯・喬治亞迪斯（Alex Georgiades），以及威廉・伊凡尼納（William Evanina）。

關鍵發現

　　本報告分析超過 855 件中國全球情報蒐集與祕密行動的紀錄個案。重要發現如下：

- 過去五年，中國國家安全部大幅改變其海外情報手法。
- 國安部利用社群媒體來鎖定、招募並操控掌握敏感資訊的外國人。
- 中國共產黨採取「舉國體制」的方式，透過金錢及其他誘因，鼓勵全民參與間諜活動。參與者包括政府機構、人民解放軍、國有企業、私人公司、中共體系單位，以及多所大學。
- 個人與企業會獨立竊取，並販售商業機密與異議者資訊給中國國安單位，形成一種新的情報商業模式。
- 中國全球傳統間諜與祕密行動中，約有 35% 是針對台灣。
- 中國在國外進行的科技情報蒐集行動，與其政府戰略規畫

文件中所列的重點科技高度一致。
- 中國的祕密政治行動,是以影響各國中央與地方政府為目標,並已擴大至美國與其他國家的州政府與地方政治人物。

導論

　　自有人類歷史記載以來,各國便透過間諜活動來支援其外交政策與軍事行動。然而,情報活動通常隱身於陰影之中,鮮少接受公眾檢視。間諜行動常被用來配合外交政策,本身卻很少成為外交政策的議題——但中國是個例外。中華人民共和國以其龐大的「舉國體制」方式進行間諜活動,正在改寫全球對情報行動的理解與應對模式。事實上,在美中貿易戰與兩國關係惡化的過程中,有項關鍵議題正是美國要求中國停止竊取美國的智慧財產與商業機密。儘管中國一再否認,但近年來遭起訴的數百起間諜案件,已清楚揭示真相。中國的間諜行動正在改變全球權力的平衡,不僅衝擊美國與其他國家的經濟,也對各國的國內安全、國家安全與外交政策形成挑戰。

　　中國間諜行動的歷史可上溯幾千年前。至於以國家力量推動商業資訊調查、蒐集西方科技的作法,最早見於晚

清面對列強入侵之時。學者魏源在《海國圖志》中主張，中國應透過蒐集西方列強的資訊，藉「師夷長技以制夷」來復興國力與財富。然而他也遭到同時代學者的批評，認為他不該研究這些不如中國人的蠻夷。

當然，在歷史上曾參與這類行動的國家不只有中國。⑴俄羅斯、伊朗，甚至一些美國盟國，也都曾參與由政府主導的系統性商業間諜與技術竊取行為。⑵許多政府、企業與個人企業家為了獲取或販售美國科技、政府資料與企業機密，違反美國法律。在間諜行動的渾水之中，違反他國法律是常態。幾乎每一次情報機構在他國從事間諜活動，都會違反當地法律，美國情報單位在海外也不例外。不同之處在於，美國與其他許多國家的情報行動，主要是為了掌握與因應敵對或潛在敵對國家的行動。相對之下，中國的情報工作則更大幅著眼於發展自身產業、轉移外國技術與財富，以及壓制海外華人社群中的異議聲音。

分析方法說明

　　對於情報活動的研究,一般可以透過分析數起間諜案件,進而對某情報機構的行動模式與蒐集目標提出一般性觀察。然而,若要理解中國這個國家是否以及如何透過多樣的社會組織,系統性地執行情報工作,就不能僅憑少數案例來推論。這類理解必須建立在具體證據與充足資料的深入分析之上。過去十年間,我彙整並分析了全球共855起中國間諜活動案件,其中超過750件發生於2012年之後。詳細分析這些案件,提供了充分證據,說明中國政府不僅進行情報行動,還積極推動並支援學術界與私部門參與其中。本研究揭示了哪些組織負責這些行動、他們的情報目標、知識缺口,以及所使用的行動技術與情報手法(tradecraft)。

　　媒體、公眾與美國法律對「間諜行為」的理解差異極大。美國共有五項法律與行政規範涉及這些定義,包括間諜(Espionage)、經濟間諜(Economic Espionage)、出口

管制違規（如 ITAR、EAR、IEEPA）、祕密行動（Covert Action）與學術研究違規（Research violations）。(3) 本研究將上述所有法律定義的犯罪行為統一歸類為間諜行為。這樣的定義同時考量媒體與一般社會的脈絡，以及這些行為的共通特性——即受外國政府或組織指使，或為其利益而祕密從事非法行為。至於中國的網路間諜行動，原則上未納入本研究的分析。但若具備以下條件之一，則會納入個案研究：（1）與人力情報行動有協同作業者；（2）犯罪嫌疑人於刑事起訴書或起訴文件中被具名指控。

本研究不採「連坐推論」原則。所有涉案個人與組織在未經法院定罪前，皆應視為無罪。我在文本中盡力保持此區分。

最後，本書的分析標準採用美國國家情報總監辦公室（Office of the Director of National Intelligence）所發布的《情報體系指令 203》（Intelligence Community Directive 203, ICD 203）中的評估方法。當表達可能性或機率時，我使用以下術語：

- 幾乎不可能（Almost no chance, very unlikely）：1–5%，
- 非常不可能（Very unlikely）：5–20%，
- 不太可能（Unlikely）：20–40%，
- 有可能（Likely）：55–80%，

- 非常可能（Very likely）：80–95%，
- 幾乎確定（Almost certainly）：95–100%。

本書的資料截止日期為 2024 年 12 月。

中國間諜行動的法律架構

　　中國共產黨動員整個社會體系,以支援其全球間諜行動。例如,中國所有政府部門在國家安全部要求下,皆有義務配合其情報行動。(4) 這一簡單的政策,使中國情報系統能夠有效動用大學、智庫、外交部門、官方資助的海外教育項目、軍事交流計畫、友好與公民團體、留學生協會等,進而接觸到大量外國政府官員、科學家、學者與學生。

　　除了動用政府體系,中共更藉由立法,塑造法律架構,使其情報機構能夠正當徵用民間產業,以接觸外國個人、機密與技術。例如,近年中共頒布多項法律,明確規定企業與個人有義務配合國家情報工作。2014 年、2015 年與 2017 年,全國人大與國務院陸續通過法規,要求中國公民與企業(無論在國內或國外)必須協助情報蒐集。

　　2014 年《反間諜法》第 22 條規定,當國安機關進行反間諜調查時,「有關機關、組織和個人」必須「如實提供

有關資料，不得拒絕」。(5)

2017年《國家情報法》第7條（由全國人大通過）規定：

任何組織和公民應當依法支持、協助和配合國家情報工作，並保守所知悉的國家情報工作祕密。(6) 國家對支持、協助和配合國家情報工作的個人和組織給予保護。

同法第14條則授予情報機構強制權力：

國家情報工作機構依法開展情報工作，並可以要求有關機關、組織和公民提供必要的支持、協助和配合。(7)

2017年11月，北京發布《國家情報法實施細則》，進一步說明：

國家安全機關依法履行反間諜職責時，對依法應當提供設施或其他協助的公民和組織，如其拒絕，則視為意圖妨礙國家安全機關依法履行反間諜工作任務。(8)

在中國社會中，企業與公民若接到要求，必須依法向政府提供情報，違者將受嚴厲處罰(9)。國家也明言「對支持、協助、配合國家情報工作的個人和組織予以保護」。

2023 年 7 月，中共修訂了 2014 年《反間諜法》，大幅擴張原法的適用範圍。新的法條不僅涵蓋國家機密與情報，還包括所有「涉及國家安全利益」的文件、數據、資料與物件。由於這些用語極為模糊，幾乎任何形式的資訊都可被界定為「國安利益」。[10]

　　總結來說，中共將情報活動、資訊控制、產業政策、政治與經濟脅迫、外交政策、軍事威懾與科技實力等多重社會力量整合為一體，建構出全球首個數位極權國家的典範。

中國從事間諜活動的組織

分析中國各項間諜行動與其背後所屬的機構（即最終接收情報或技術的「客戶」）後，可清楚劃分出五大類主導情報活動的組織。中共運用政府、準政府、學術與商業機構，作為在海外執行各類間諜任務的載體。其中最值得注意的是「非傳統情報收集者」（non-traditional collectors），如國有企業、大學與私人公司。這種動用各類社會機構來蒐集情報的方式，正是中國所謂「舉國體制」的具體展現。

1. 國家安全部

中國最高層級的文職情報機構，1983年由公安部的間諜與反間諜部門，以及中共中央調查部合併而成。其任務涵蓋間諜活動、反情報及安全保衛工作。[11]

2. 中央軍委聯合參謀部情報局（原總參二部）

負責蒐集與分析外國軍事情報，特別是軍事科技。解放軍的情報手段包括武官、留學生、掩護身分下的情報員等，行動可能公開或暗中進行。(12)(13)

3. 國有企業

中國有 15 萬家國有企業（簡稱國企），其中有五萬家為中央政府所有，涵蓋航太與國防企業、下屬研究機構以及技術轉移機構。國務院的國有資產監督管理委員會（國資委）直接管理其中 102 家企業，這些企業被視為對國家與經濟安全至關重要。(14) 中國共產黨的中央組織部負責這些企業內所有高層人事任命。所有由中央直接管理的國企，其一切行動皆由中共內嵌的黨委會所主導。2018 年，習近平指示所有國有企業修改章程，確保為黨服務、維護國家與經濟安全的理念高於企業盈利。(15)

4. 私人企業與個人

約有 22% 的案例中，中國的企業或個人是單方面行動，僅為了商業利益。在某些情況下（可能約占 30%），最終的非法出口或商業機密接收方可以明確識別為中國政府、國企或大學。而在大多數其他案例中，紀錄顯示有募資活動的跡象，卻明顯缺乏與中國既有國家或學術機構的直接聯

繫。國有企業最常出現在以下類型的非法出口行為中：軍事科技、原始程式碼、大規模農業與工業生產技術，以及製造工藝等。(16) 大學的涉入通常表現在設立「影子實驗室」（shadow labs），以複製外國的研究成果，以及設立商業生產設施來仿造外國的材料與技術。此外，省級國企則經常出資支持非法竊取智慧財產與商業機密的行動。

5. 中共中央統一戰線工作部

統戰部是中共重要情報機構之一，專門針對海外華人與外國組織從事滲透與情報收集。其目標常包括外國的國會與地方政界人士、政黨、學術機構與非政府組織。統戰部致力於尋找、接觸並影響非中共組織，達成「建立統一戰線」的政治目的。

6. 其他政府部門與大學

例如解放軍政治工作部聯絡局（專門針對台灣），以及隸屬或承接國家國防科技工業局（簡稱國家國防科工局）計畫的大學與研究單位。(17)

國家國防科工局隸屬國務院，該機構負責將研究項目分配給具有軍事生產責任的各部委，同時也負責中央軍事委員會裝備發展部的軍事採購需求管理。各部委再將任務交辦給

其下屬的研究機構，而這些研究機構則會將其在資訊與技術上的缺口回報給國家國防科工局。

在國家國防科工局內部，有兩個部門：綜合計畫司與外事司，負責發展與下達跟科技相關的情報需求，並針對這些需求蒐集情報。綜合計畫司負責向國安部以及可能還包括解放軍聯合作戰情報局下達情報蒐集任務。外事司則擁有獨立的情報蒐集能力。該部門人員會與中國科學家一同出國，參加各種國際會議與交流活動，針對特定的情報需求收集資訊。[18]

國家國防科工局直管七所被稱之為「國防七子」的大學（北京理工大學、北京航空航天大學、哈爾濱工程大學、哈爾濱工業大學、西北工業大學、南京航空航天大學、南京理工大學）[19]，並與另外 55 所大學有國防研究合約。其中有幾所大學已被美國法庭文件指認為進行間諜活動、與國防部合作進行間諜活動，或接受偷來的外國研究和技術。其中幾所大學擁有高度安全的研究設施，以支援解放軍的機密技術開發。北京航空航天大學也因其研究支持涉及竊取技術的中國國防實體而被列入美國商務部實體名單。

至少 47 所中國大學（或其教授）被美國法院或媒體揭露參與海外間諜行動或支援相關行動。[20] 圖 1 統計數據顯示，855 起間諜案例中：

- 私人企業涉案：182 起（22%），多鎖定商業、智慧財產與軍事技術。
- 國有企業涉案：141 起（17%），多集中於高端軍事科技與科研成果。
- 解放軍涉案：154 起（18%），目標多為國防、武器系統與軍民兩用技術。[21]
- 國安部涉案：169 起（19%），目標涵蓋政治、國防、外交、海外異議人士與外國情報系統。
- 其他涉案單位：包括大學、公安部與統戰部等。

✚ 圖1：從事間諜活動的中共組織 [22]

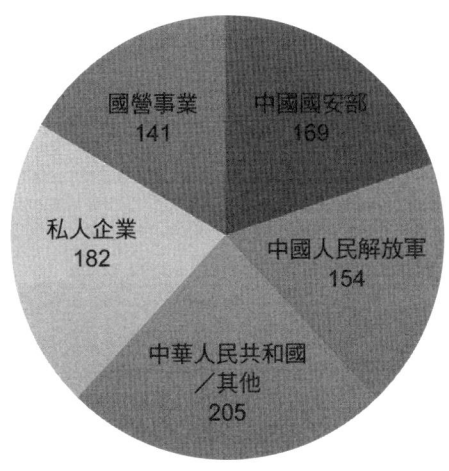

中國大學針對外國科技收集情報，主要是為了支援先進軍事武器系統的研發與商業應用。(23)

根據統計數據（見圖1），中國間諜活動在全球的分布，顯示出中國共產黨控制下的企業、研究機構與政府部門，在傳統情報行動中所涉範圍極為廣泛。這些間諜行動在以下四大組織類別之間呈現相對平均的分布：國安部、國企、其他政府或黨政機構或大學等單位、私人公司。這一分布模式顯示，中國透過國家機器與經濟體系的協同運作，有系統地蒐集涉及外國國安、軍事與商業技術、商業機密與研究成果等重要資訊。

截至目前為止，中共與中國政府從未對國有企業、私營企業、大學或公民所從事的（違反外國法律的）非法行為加以遏止。相反地，諸多美國聯邦調查局（FBI）調查、媒體揭露與企業研究皆顯示，中國政府已與網路駭客集團簽約，由其支援國安部進行攻擊任務。此外，許多經濟間諜案件也被證實受到中國情報單位、中共部門、大學與國企的支持或贊助。中共將竊取外國創新技術視為國家政策的一環，目的是加強中國軍力、推進國內技術發展，並提升生產能力。

經濟間諜

在經濟間諜活動中，各類機構投入的比例呈現出與整體

間諜行動不同的分布模式：中共 205 起經濟間諜活動的案件中，私人企業占了超過一半（53%，共 109 件）。國有企業大約承擔了 23%（48 件）。而國安部的投入（不包括網路間諜行動）只占整體經濟間諜行動的 11%（23 件）（見圖 2）。

✚ 圖 2：組織性的經濟間諜活動

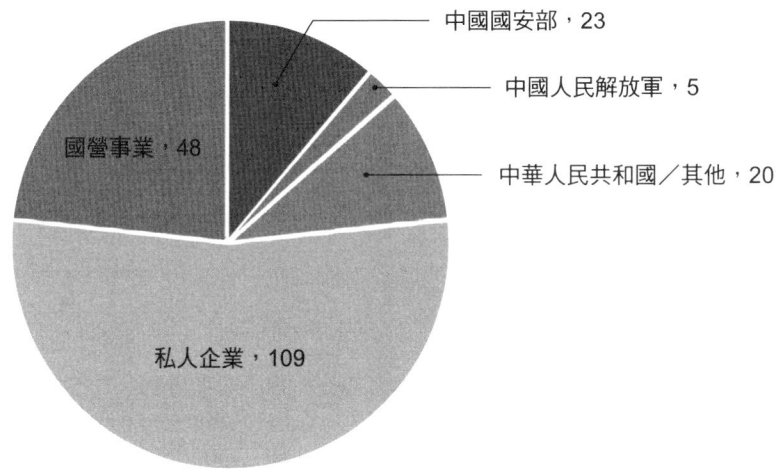

非法技術出口

在非法輸出外國技術的活動中，中國的其他組織扮演了主要角色。根據對 278 起案件的分析，國安部（不包括網路蒐集行動）僅負責極少數，大約 10 件，占整體的 4%。在

這類技術竊取行動中，最主要的組織是解放軍，涉入 81 件，占整體的 29%；國有企業則負責了 28%；大學與研究機構則涉及 72 件，占 25%（見圖 3）[1]。

✛ 圖 3：中國主導之非法出口活動

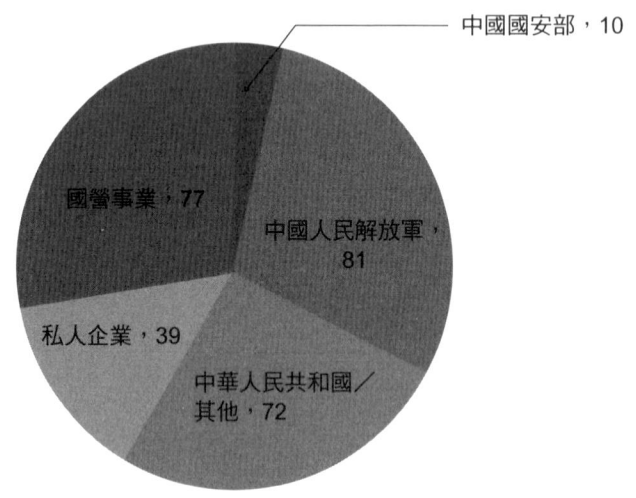

其他情報組織

自 2015 年起，中國公安部開始積極擴展其海外行動。該年，中國通過《反恐法》，將反恐主責單位由國安部轉交給公安部，並賦予其在國外執行任務的法律依據。隨後中國

---

[1] 大學與研究機構構成「其他」類別的主要部分。

宣布，將對海外公民提供安全保障，[2] 並擴展與非洲、東歐等國的安全合作。此後，公安部派遣行動小組，進行海外強制遣返（rendition）、情報收集，以及配合「一帶一路」推進安全訓練任務。公安部的海外情報行動分為兩大類：

- 戰術情報：以保障中國公民與海外投資安全為主，主要服務於「一帶一路」計畫。
- 政治與經濟目標情報：針對異議人士與經濟犯罪者，屬於「獵狐行動」（Operation Foxhunt）一部分。

與恐怖主義相關的情報蒐集

海外中國私人保全公司（Private Security Companies, PSCs）如今已成為「一帶一路國家安全情報融合制度體系」的重要組成部分。這一制度採用「政府主導、多方參與」的模式，目標在提升情報蒐集的透明度與可及性，特別是針對海外情勢，並涵蓋多個部會之間的協作。在這個新架構下，海外的中國保全公司與中國駐外使館合作，參與情報蒐集與回報工作。此外，近年來中國政府也資助了大量針對他國國家情報體系的學術研究。(24)

私人保全公司在「一帶一路」倡議中的角色，是另一個

---

2 於 2018 年，這點被寫入中國共產黨黨章。

保護性情報蒐集的重要部分。由於他們的蒐集重點是支援反恐任務，這些行動與中國公安部密切配合。此外，根據中國國務院第 564 號令《保安服務管理條例》，中國的私人保全公司必須由國家持有 51% 股份，藉此確保政府對情報蒐集及其他業務行動的掌控。[25] 公安部也是中國平安城市計畫的核心部門，負責研發、人工智慧開發、閉路電視（CCTV）及相關系統的部署與日常營運。因此，公安部在中國海外行動與這些系統的資訊蒐集中扮演關鍵角色。

除了國家安全情報系統外，「一帶一路」還包括一個整合的「空間資訊走廊」（Space Information Corridor），這條走廊為數百家參與一帶一路的中外企業與政府提供太空資訊服務，成為中國海外布局的太空支撐骨幹。這些來自衛星系統及地面設施的資訊蒐集，也涵蓋「數位絲綢之路」（Digital Silk Road）計畫。「數位絲綢之路」負責開發與管理一帶一路下約 50 座城市與國家的數位基礎設施，包括網路、安全城市系統、治安科技、交通、鐵路、港口、石油與電信等領域。

中國能夠接觸到參與一帶一路的 150 多個國家的大量資料。儘管中國否認，但多項媒體調查指出，中國的電信系統內嵌有後門程式，使資料能定期回傳中國。[26] 幾位非洲高層政府官員曾向筆者表示，他們知道中國滲透了自家資訊系統，但他們普遍並不擔憂，因為他們與中國之間並無戰略

競爭的意識。歷史上，西方國家對非洲經濟發展幫助有限，因此非洲普遍相信中國是在「其他人都袖手旁觀時唯一願意伸出援手的國家」。(27)

獵狐行動

獵狐行動是中國政府於 2014 年啟動的一項全球性祕密行動，表面上旨在打擊腐敗，追捕涉嫌經濟犯罪並逃往海外的中國公民，使其遣返回國受審。(28) 然而，眾多國際人權組織與外國政府指出，這項行動實際上也廣泛針對中國異議人士，並採用脅迫、威嚇、騷擾親屬等強制手段，迫使當事人返回中國。該行動的主導機構是公安部第一局（國家安全保衛局，後改名為政治安全保衛局）。根據人權組織「保護衛士」（Safeguard Defenders）的調查，公安部在海外設立了至少 102 個祕密警察站點，專門對海外異議人士進行監控與收集情報(29)。

公安部在獵狐行動中與國安部合作，針對被控貪腐與其他罪名的個人實施追捕與遣返。公安部的角色凸顯其在中國國家安全與情報體系中的強大地位。(30) 獵狐行動也與另一個行動「天網行動」（Skynet）並行實施，後者主打透過國際刑警組織的「紅色通緝令」來緝捕外逃人員。中國官方宣稱，天網行動已遣返 10,668 名逃犯，追回非法資金 447.9

億元人民幣。(31)

國安部組織架構的變化

在近期發表的研究中，有些學者試圖將國安部下轄的各省級情報機構與特定國家或目標類型配對，這些觀點大都源於我 1994 年的研究成果，(32) 雖然有些未必明言。傳統上，中國情報行動的任務分配，常依據地理位置與對外接觸便利性而定，例如：上海局因當地有大量美國人而聚焦美國；瀋陽局鄰近俄羅斯與日本，廣東局則專攻香港等地。然而，自 2016 年起，中國國安部重整局部組織，上述區域性任務分工已不再適用。

經過數十年與世界各國的接觸與往來，現在將中國國安部某個地方安全局或部門的情報蒐集行動限制在特定地理範圍內，已不太具有實際意義。目前比較可能的情況是，省級以下的國安單位運作上擁有相當程度的自主性，而中央功能性情報部門的架構，也已被複製或以某種形式設置在地方層級。事實上，省級國安官員的任命，不僅需國安部同意，也需通過中共地方黨委的「政法委領導小組」審核。

2016 年以後，並無任何資料支持「國安部仍維持地理區分為主的行動架構」的說法。藉由分析近期多起間諜案件，反而會發現截然不同的組織模式。

下表統整本書所提國安部招募與管理的具體案例。

線民	國安部辦公室	線民位置	目標
王書君	青島和廣東	美國	異議人士
姚俊威（Dickson Yeo）	上海[3]	新加坡	東南亞、美國機密資訊
凱文·馬勒里（Kevin Mallory）	上海	美國	分類資訊
彭學華（Edward Peng）	北京	美國	分類資訊
Ron Hansen	北京	美國	分類資訊
徐炎鈞	江蘇	美國／法國	技術
亨利·馬尼亞克（Henri Magnac）	北京	法國	分類資訊
李春興（Jerry Lee）	深圳	香港／美國	分類資訊

表中數據清楚顯示，國家安全部現行的行動結構是按照功能劃分，而非地理區劃。該表指出，蒐集目標被劃分為機密資訊、異議人士、反情報和外國科技等四大類。[4] 在多起案件中，針對美國與法國的機密資訊蒐集行動，分別由上海和北京的不同局室運作管理。[5] 江蘇省國安廳的徐炎鈞

---

[3] 姚俊威報告曾與數個省級國安部辦公室進行過面對面會議，據他所述，這些單位給予了他相同的情報蒐集任務。
[4] 有數十起其他案例也說明了這一點。
[5] 在總部層級，國安部在每個領域都設有職能局（Functional Bureaus）。

中國從事間諜活動的組織　35

負責對位於法國和美國的外國科技目標執行人力情報蒐集，並監督全球網路行動。王書君針對美國和香港異議人士的行動，則由青島和廣東省國安廳共同執行。中情局間諜李春興（Jerry "Chun Shing" Lee）被深圳國安廳招募並操控時，是居住在香港。

中國海外情報行動的主要活動類別為經濟間諜、傳統間諜及違反出口管制（軍民兩用）行為，三者合計占所有行動的60%。整體而言，非法出口（竊取軍用及雙用途技術）約占中國海外情報行動的47%。將855起間諜案件依「間諜」「經濟間諜」「非法技術出口」（ITAR、EAR、IEEPA）「祕密行動」及「研究違規」等類別劃分後，各類行動所占比例如下。需注意的是，這些案件數並不一定反映中國的實際行動規模，也可能受各國執法力度和法律規定影響。

經濟間諜（主要由私人公司或個人執行）占24.21%（共207件）；傳統間諜占19.99%（共170件）。若將台灣剔除於中國情報目標之外，傳統間諜案件僅剩99件，這凸顯台灣是中國傳統間諜行動的首要目標。(33)

若僅以刑事案件數量計算，中國在美國的主要情報行動為非法出口軍用與雙用途技術，涵蓋 IEEPA、EAR、AECA 和 ITAR 違規，合計占全球相關案件的32.5%（278件），其中超過80%發生在美國。

✚ 圖 4：中國間諜活動的類別

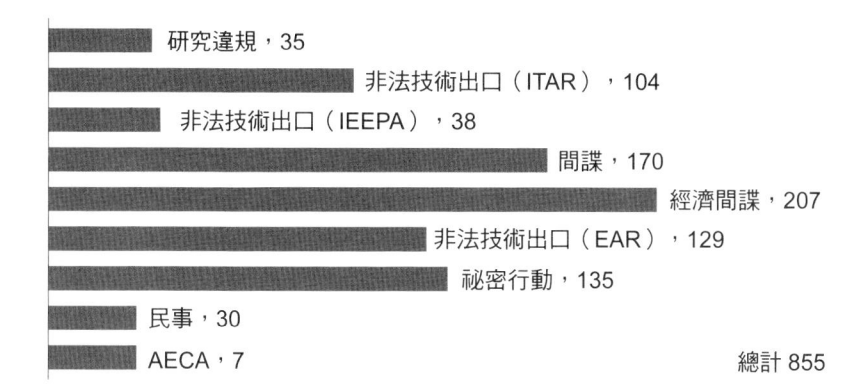

類別	數量
研究違規	35
非法技術出口（ITAR）	104
非法技術出口（IEEPA）	38
間諜	170
經濟間諜	207
非法技術出口（EAR）	129
祕密行動	135
民事	30
AECA	7
總計	855

■ ITAR：國際武器貿易條例　■ IEEPA：國際緊急經濟權力法
■ EAR：出口管制條例　■ AECA：武器出口管制法

美國間諜案件的分布情形顯示出犯罪行為的地點（即犯罪實際發生的場所）。(34) 如圖 5 所示，中國的情報蒐集活動集中於美國幾個州內的主要教育、研究與製造中心，包括麻薩諸塞州、密西根州、紐約州、賓夕法尼亞州、佛羅里達州、紐澤西州與德州。中國在美國的間諜行動受害者涵蓋主要的國防與航太企業、製藥公司、科技研究機構與製造業者。

間諜活動的分布模式顯示出，其集中於高科技產業區、製造重鎮與商業中心。例如，加州北部的矽谷是中國在美國非法技術蒐集行動中的首選地點。發生在加州的 169 起案件中，超過一半針對北加的科技公司，其餘案件則集中於聖地牙哥，接著是洛杉磯。在加州，中國優先蒐集的情報目標包

括：資訊科技（56件）、航太與航空設備（30件）、自動化工具機與機器人技術（21件），另有17件涉及竊取生技技術或相關商業機密。

✚ 圖5：中國間諜案件在美國的分布情況

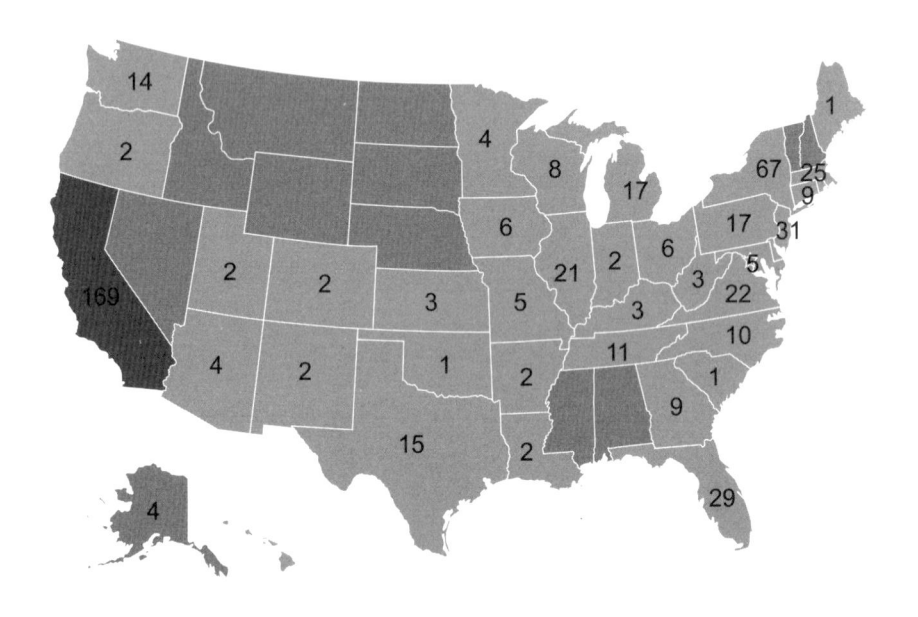

情報蒐集目標

在情報術語中,「蒐集目標」(Collection Objectives),又稱「資訊目標」或「需求項目」,是指具體被指派蒐集情報的資訊(或技術)項目。這些目標可能多達數萬項,反映出一個國家在知識與技術上的缺口。例如,若某國持續試圖獲得渦輪引擎特定零件的資訊,顯示其國內尚缺乏完成相關應用所需的技術或知識。

蒐集目標通常數以千計,涵蓋軍事能力、國家政策、計畫與意圖,以及關鍵技術。過去十年間,中國更將外國軍事基地納入蒐集目標之一。迄今已有超過 100 名中國公民闖入或企圖闖入美國軍事基地。[35] 中國外交官與公民曾闖入軍事設施進行地面拍照偵察,目標包括美國維吉尼亞與佛羅里達州與海軍及特種作戰部隊相關的設施。[36] 中國的學生與遊客在美國、日本與韓國也曾以無人機對海軍資產與設施進行情報蒐集。此外,2020 年 4 月,中國還公然侵犯美國主

權領空，派遣一顆配備高階情報蒐集裝置的氣球飛越美國軍事基地，該氣球具備長時間盤旋與技術蒐集能力。

研究型大學也是中國主要的情報蒐集目標，經常透過「人才計畫」（如千人計畫、百人計畫等）滲透。根據估算，中國至少有超過 500 項人才計畫，目的是將西方的學術與專業知識轉化為中國的國家發展資源，涵蓋科學、工程、商業、金融與社會科學等領域。這些計畫由 600 個海外工作站支援，負責蒐集外國科學家的資訊並試圖招募他們。(37) 這些工作站分布如下：

- 美國：146 個，
- 德國與澳洲：各 57 個，
- 英國、加拿大、日本、法國：各超過 40 個。(38)

在多起案例中，教授、研究生與解放軍研究人員因竊取海外大學的研究成果而遭逮捕。自 2019 年起，由於千人計畫在全球惡名昭彰，中國已不再公開使用此名稱，但類似計畫仍大量存在。

中國透過數個國家層級戰略規畫文件，明確標示其關鍵的情報蒐集目標。雖然這些文件並未直接對情報機關或國企下達任務指令，(39) 但它們為中國合法與非法蒐集外國技術提供了方向。

這些戰略目標又被進一步細分為具體的技術發展項目，包括：

- 國家重點基礎研究發展計畫（973 計畫）。
- 國家高技術研究發展計畫（863 計畫）。
- 國家重點研發計畫。
- 國家科技重大專項：
  + 高階數位控制機械與基礎製造設備。
  + 轉基因新品種育種。
  + 核心電子元件、高階通用晶片與基礎軟體。
  + 創新新藥開發。
  + 大型油氣與煤層氣田開發。
  + 超大規模積體電路製造技術。
  + 下一代寬頻無線移動網路。
  + 廢水處理技術。
  + 農業科技成果產業化。
  + 國家新產品計畫。
  + 國家軟科學研究計畫。

當這些技術發展目標進一步細化後，可看到他們與中國間諜行動之間高度相關。根據美國國家情報總監 2018 年的《網路空間中的外國經濟間諜行動》報告，中國對外情報蒐

✛ 圖 6：中國情報蒐集目標

潔淨能源	生物科技	航太及海洋工程	資訊科技	製造業
淨煤科技	農業科技	深海探測	人工智慧	機器人技術
低碳生產技術	大腦科學	太空導航科技	雲端科技	3D 列印技術
儲能系統	基因組研究	下一代航空器	資訊安全	先進（奈米）製造技術
水力渦輪機技術	精準醫療	衛星科技	物聯網基礎設施	新材料科
新能源車	基因改造種子	遠端操作技術	半導體科技	智慧（AI）製造
核能科技	再生醫學	極地科技	量子運算	永續製造
智慧電網科技	合成生物學	精密光學	電信通訊	
電力科技	製藥技術	重型運載火箭技術	第 5 代行動通訊技術	

集經常鎖定特定產業與優先技術。圖6呈現這些資料的子集。圖表的第一列列出中國國務院2015年戰略規畫《中國製造2025》中所訂定的優先技術需求，(40) 接下來各列對應間諜案件中實際涉案的技術項目。這些技術即為中國全球經濟間諜行動中超過一半的主要目標。

當將中國的間諜活動與其國家發展需求進行比較時，會發現一個更為密切的關聯性：在已知的855件間諜案中，有511件的目標與中共戰略產業計畫《中國製造2025》所列出的十項關鍵技術高度吻合。這些技術需求在這些案件中明顯被視為主要攻擊目標。如此高比例的間諜行動與《中國製造2025》所列重點技術一致，顯示出中國全球間諜行動極有可能受到中共中央的直接指導與統籌（請參見圖7）。

✚ 圖7：「中國製造2025」相關間諜案件

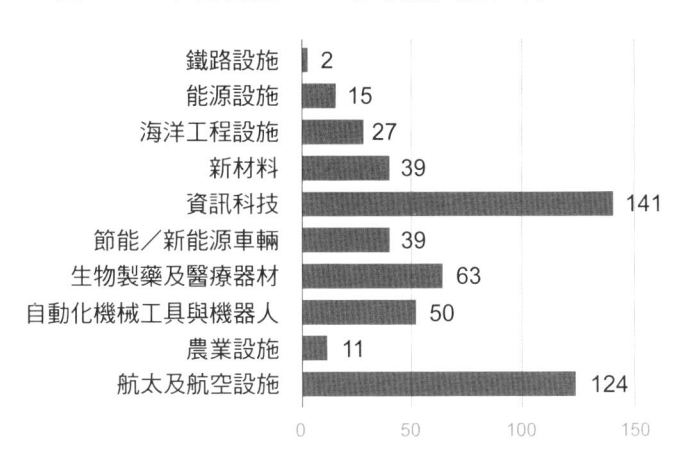

類別	件數
鐵路設施	2
能源設施	15
海洋工程設施	27
新材料	39
資訊科技	141
節能／新能源車輛	39
生物製藥及醫療器材	63
自動化機械工具與機器人	50
農業設施	11
航太及航空設施	124

圖7中的數據清楚顯示，中國投入大量資源，蒐集外國資訊技術（141件），[6] 以及航太與航空設備（124件）的相關情報。這些行動中，約有一半目標為軍用航太技術。國有企業與解放軍是這類外國航太技術、商業機密與智慧財產的主要「客戶」。主要的情報蒐集者則包括解放軍聯合情報局、國有企業，以及從事非法出口行為的私人公司。另有部分案件涉及外國航太公司的內部人員參與竊取關鍵航太技術。[7]

　　國安部也積極參與竊取外國航太技術。多起案件顯示國安部涉入人力情報間諜行動，並雇用合約駭客竊取外國航太技術。[41] 至少有兩起案例顯示，國安部利用公司內部人員協助執行網路攻擊行動。[42] 這些情報行動主要支援解放軍的軍用航太項目與中國的民用航空產業。

　　自2016年起，國安部及其承包人開始主導網路間諜行動，時間點與解放軍「戰略支援部隊」的成立相符。戰略支援部隊的任務是為未來解放軍行動做戰場情報準備（IPB），並透過網路行動掌握資訊優勢，以增強解放軍的贏戰能力。[43] 而針對經濟與技術目標的網路情報蒐集，則交由國安部負責。[44] 會有這樣的職責轉移，是因為解放軍61398部隊

---

6 這些案例中，許多涉及先進半導體、相關製造技術（微影製程）以及耐輻射微晶片的竊取。
7 這還不包括國安部的網路情報蒐集行動，因為那本身就是一項龐大的計畫。

發生貪腐問題，甚至為牟利而目標鎖定本國企業。

對 124 起針對航太企業的間諜案件分析顯示，(45) 遭竊（或試圖竊取）的軍民兩用技術與商業機密超過 200 項，包括：太空載具用低溫幫浦、閥門、傳輸管線、冷凍設備、太空級抗輻射電路、液態氫儲存與使用元件、低溫冷卻器、Ka 頻段太空通訊技術、衛星／飛彈隔熱毯（鍍鍺的聚醯亞胺薄膜）、多倍頻旅行波管（TWT），用於衛星轉發器功率放大器。涉入的重大系統包括：太空梭、Delta IV 火箭、F-15 戰機、F-22 戰機、F-35 戰機、C-17 運輸機、C-130 訓練設備、B-1 轟炸機、CH-46/47 契努克直升機（Chinook）等。

另一項中國高度優先的情報蒐集目標是資訊技術，這是目前已知情報行動中最頻繁出現的領域。中國極力竊取資訊技術，特別是先進半導體及其製造技術。2015 年，北京啟動了規模達 500 億美元的投資計畫，用於發展國內的高階晶片產業，目的是在美國限制向中興通訊出口半導體產品之後，確保國內的自主能力。美國之所以制裁中興，起因於其違反對伊朗與北韓的制裁禁令，並多次對美國商務部官員說謊。該禁令於三個月後解除，中興支付了 10 億美元罰金，並同意懲處董事會並削減其獎金（實際上並未執行）。另一家中國公司華為，也因違反對伊朗制裁禁令與竊取美國技術而遭到類似的出口限制。華為員工已在美國、德國、丹麥與

情報蒐集目標　45

波蘭被發現從事與經濟或國家安全相關的間諜行為。

中國目前仍缺乏生產某些類型先進半導體的製造技術。這些技術仰賴多種奈米級的微影製程。此外，中國在生產用於太空系統與彈道飛彈的抗輻射晶片方面依然薄弱。

中國在資訊技術領域的主要情報蒐集目標包括：微電子學、微波積體電路、微處理器、電路板、加密金鑰設備、數據與語音傳輸系統、半導體，以及雷射製造技術等商業機密。由於美國及其他幾個國家在半導體製造能力上仍遠遠領先於中國，半導體製造技術對中國而言具有關鍵性。自2015年起，全球多國對中國銷售先進半導體的限制，使中國展開更大規模的竊取行動，半導體也因此成為中方首要蒐集的技術目標之一。

除此之外，其他優先情報目標還包括生技製藥與醫療設備、自動化機械與機器人技術、節能／新能源汽車技術、新材料研發不同的技術類別往往對應不同的情報活動模式。例如，如果不算網路間諜行動的情況下，針對生技製藥與醫療設備的情報蒐集，主要透過人才引進計畫（如千人計畫）或公司內部人員進行經濟間諜行動。這類的主要目標為大學、研究機構與製藥公司。

針對新能源車領域，情報蒐集活動大都為針對企業與實驗室的經濟間諜行動。與其他類型的商業機密不同，資訊技術類的機密通常透過內部人員竊取為主，網路間諜為輔。

例如，已有多起案件顯示，中國電動車企業藉由在特斯拉、蘋果、谷歌等高科技汽車產業公司內部長期部署人員，獲得重大市場優勢。(46) 之所以長期依賴內部人員，可能是因為這些企業的網路資安防護非常嚴密。

軍事作戰層級情報蒐集目標

自 2020 年以來，多起間諜案件遭到起訴，這些案例進一步揭示了中國軍事情報機構的情報需求。中國情報機關指派人員蒐集有關美國軍事戰區計畫、行動與演習的資訊，這些行動皆以印太地區為中心，包括：

- 美國海軍在菲律賓海的軍演及中國對這些演習的觀察。
- 美國海軍陸戰隊在東南亞的演習。
- 美國對台灣的應變計畫。
- 美國海軍部隊調動的具體地點與時間細節。
- 有關兩棲登陸、分散式海上行動（Distributed Maritime Operations, DMO）與後勤支援的資料，特別是 2021 年太平洋大型演習作戰概念。
- 軍事演習的作戰命令。
  + 美軍在亞洲的兵力部署狀況（包括駐韓與駐日）。
- 美國對中國人民解放軍的認知。

- ✦ 解放軍火箭軍（PLA Rocket Force）。
- ✦ 解放軍海軍潛艦部隊與其作戰能力。
- ✦ 中國的軍事備戰情況。
- 美國軍事基地的安全程序。[8]

中國也蒐集以下軍事技術文件：

- 有關美國兩棲攻擊艦 USS Essex LHD 及其他 LHS 艦艇的資料
- USS Essex 上防禦武器系統清單（揭露其潛在弱點）
- 有關艦上多種系統的技術與操作手冊，包括動力轉向系統、飛機升降平台、傷害控制與損害應變操作
- 沖繩 GATOR 地面雷達系統的電力系統藍圖
- 美國的飛彈與防空計畫
- 薩德（THAAD）飛彈防禦系統
- 短程防空系統
- 神盾防空系統（Aegis）

---

[8] 過去五年中，中國公民滲透美國本土軍事基地的周邊防線的次數已有上百次。有些人聲稱自己是迷路的遊客，另一些則是中國外交官。大多數人在被軍警要求停車後，仍然駕車衝過基地門口。有些人繞過了安全圍欄，甚至有個人用水肺裝備從海上進入海軍基地。2024 年 12 月底，有名中國公民因闖入德國海軍基地並拍照而在德國被逮捕。

針對美國軍機系統的情報竊取案例中，涉案對象包含以下：

- 飛行作戰行動資料，
- F-22A 戰鬥機，
- F-35 戰鬥機，
- HH-60/V 直升機，
- HH-60W 直升機，
- U-2 高空偵察機，
- 戰鬥飛行訓練與航艦起降訓練，
- 美國太空與飛彈系統，
- 國家安全太空系統與反太空系統，
- 洲際彈道飛彈（ICBM），
- 無人機系統（UAS），
- 海軍系統，
- 漢普頓錨地（Hampton Roads）建造中的航艦，
- 日本橫濱的軍艦建造計畫，
- 美國的太空與飛彈系統，
- 國安太空系統與反太空能力。

「舉國體制」與新的情報蒐集商業模式

　　如前所述，中國透過「舉國體制」方式極盡所能動員整個社會，以達成情報蒐集目標。例如，2024 年，中國國民在美國維吉尼亞漢普頓錨地、日本橫濱與韓國釜山等地，對正在建造的美國海軍艦艇蒐集情報。在維吉尼亞的事件中，一名名為石風雲（Fengyun Shi，音譯）的中國留學生因此被逮捕與定罪，罪名包括在國防空域操作未註冊無人機、拍攝國防設施，以及非法使用航空器拍攝國防設施。[9] 石風雲就讀於明尼蘇達大學，他飛往維吉尼亞，僅待一天，在新港的造船廠操控未註冊的無人機進行拍攝。(47) 當日港內泊有美國航空母艦 USS John C. Stennis 與數艘潛艦（包括 USS Boise、USS Columbus、USS Montana），(48) 另有福特級新一代航空母艦正在建造中。石的無人機因天候不佳墜毀而遭警方發現，他當晚搭機離開，無人機則被執法人員沒收。

　　在日本與近期的南韓，也發生針對美國海軍艦艇的情報蒐集事件。2024 年 5 月，日本橫須賀發生一起案件，有名中國公民使用無人機拍攝美國航空母艦「雷根號」（USS Ronald Reagan）、日本海上自衛隊橫須賀基地設施，以及停泊於基地內的直升機驅逐艦「出雲號」（JS Izumo）。日

---

9 美國法典第 49 編，第 46306 及 46307 條，以及美國法典第 18 編，第 795 及 796 條。

本防衛省證實，2024年5月9日該無人機曾飛越出雲號並拍攝影像。(49) 在2024年底，三名中國留學生在韓國釜山因非法拍攝「羅斯福號」（USS Theodore Roosevelt）航空母艦、「斯普林菲爾德號」（USS Springfield）核動力攻擊潛艦與「尼米茲號」（USS Nimitz）航空母艦而被逮捕。

還有，在2024年尾，五名密西根大學的中國校友遭逮捕與起訴，因為他們涉嫌於2023年8月13日，在密西根州格雷林基地（Grayling）拍攝軍車與軍事裝備，並對與士兵的接觸情節撒謊。該事件發生於「北方打擊演習」（Northern Strike）期間，這是美國國民兵最大規模的年度軍事演習之一，當年演習亦包含台灣軍人參與。五人雖已訂旅館，卻選擇在基地附近紮營，並涉嫌拍攝軍用車輛與其他設施。(50)

目前沒有證據顯示這些人是接受中國情報機關指派。由於涉及風險，這類任務不太可能由情報機關直接指派。然而，中共的「舉國體制」策略會鼓勵公民違反他國法律，以協助中國或中共的利益。這些案例反映出中國在全球蒐集美國軍事目標情報的優先順序。

除了動員學生與一般公民，中國還採用其他非傳統情報手段。2023年1月至2月初，中國公然侵犯美國領空，派遣解放軍操控的高空氣球，搭載技術蒐集裝備，飛越美國領土。[10] 與衛星不同，氣球能在特定地面目標上方長時間滯

| 10 這個200英尺的氣球及其偵察設備大約和一架噴射客機一樣大。

留。[11] 即使是擁有先進雷達系統的國家，也可能因氣球材質或感測器大小不同，而難以偵測。

中國設計其氣球情報蒐集平台的主要用途是蒐集電子信號情報。該平台曾在多個美國軍事基地上空盤旋，其任務可能還包括在敏感地點投放感測器、拍攝關鍵基礎設施的高解析度照片，以及進行大氣感測，用於修正超音速飛彈再入載具的導航精準度。(51) 據悉，中國已在至少 40 個國家上空釋放過類似的情報氣球平台。(52)

中國針對美國特種部隊戰術與能力的情報蒐集，呈現出一種非傳統間諜行動的模式。例如，中國公民張鵬翔（Pengxiang "Chris" Zhang，音譯）於 2014 至 2020 年間在美國生活、學習與受訓。他曾就讀於北卡羅來納州馬修市的卡莫爾基督教學校（Carmel Christian School）。(53) 自 2017 年畢業後，張在美國各地參加多場戰術訓練課程，包括由美國的浪人戰術（Ronin Tactics）、核心視覺訓練（Core Vision Training）、動力聯盟（Dynamis Alliance）等機構主辦的訓練課程。(54)

他在三年內掌握了美國近距離戰鬥（Close Quarter Battle, CQB）特戰技術，並於 2021 年返回中國。此後，他經常在中國社群媒體上張貼照片，展示他正在為解放軍與武

---

11 這顆氣球在蒙大拿州馬姆斯特倫空軍基地上空停留了三天，該基地是美國三個現役洲際彈道飛彈（ICBM）聯隊之一。

警特種部隊進行訓練的工作內容。(55) [12]

另有案例顯示，中國亦嘗試透過非法出口方式獲取特戰裝備。例如，葛松濤與楊婉（Yang Uan，音譯）承認試圖非法出口橡皮突擊艇與軍用多燃料引擎。該型突擊艇可由潛艇水下發射，或由飛機空投進入海面，美軍使用的多燃料引擎可燃燒汽油、柴油或噴射燃料，且中國無法生產同級產品。(56)

葛松濤是上海輕風科技有限公司董事長。自 2018 年起，其員工楊婉試圖向美國廠商訂購七艘突擊艇。當美方建議她採購較便宜的汽油引擎版本時，楊堅持採購軍規多燃料引擎型號，並提交偽造文件，聲稱客戶為香港仁訊有限公司（United Vision Limited）。

葛松濤安排資金由香港倍爾特顧問有限公司（Belt Consulting Company Limited）匯出 114,834.27 美元給美國製造商，並計畫派員赴香港接收貨物後轉運至中國大陸。最終，美國執法人員在貨物出口前即將葛與楊兩人逮捕。

---

[12] 許多這些照片和影片顯示張身穿中國特種部隊制服，正在對解放軍、公安部以及武警部隊單位教授近戰格鬥。

間諜招募動機

中國的間諜招募動機：擺脫 MICE 模型 (57)

數十年來，英語系國家的情報機構將人員被招募從事間諜活動的動機，歸納為一個便於記憶的縮寫詞 MICE：

- Money（金錢），
- Ideology（意識形態），
- Coercion（脅迫），
- Ego（自我）。

情報行動官、反情報特務、分析人員與內部威脅專家都學習過這個概念，作為辨識與防範間諜風險的基本工具。然而，中國的人力情報活動遠超過西方國家所實行的模式。中國共產黨與中華人民共和國政府推行的，是一種「舉國體制」

的情報蒐集方式，其目標涵蓋廣泛的商業、科學與國家安全情報，不限於傳統的間諜行為，也不限於個人動機層面。

中國的「舉國體制」情報模式，使得為中華人民共和國從事間諜活動的人員動機變得更加多元與複雜。(58) 不僅個人的招募動機更為多樣，中方在招募情報人員時所採用的方式也與西方大不相同。有些作者誤將中國的招募方式歸為「發現、評估、培養、招募」（Spot, Assess, Develop, Recruit），這其實是西方情報機構所使用的模式，比起中國政府部門、中共系統與企業採用的多重招募模型，簡單的多。

在中國的全球人力情報蒐集中，「舉國體制」涉及中共組織如統戰部與中央對外聯絡部，也動員國務院所屬部門、國有企業與私營企業。這些單位背後有數十萬人力可用於支援不同類型的情報蒐集行動。此一模式也因此產生了多元化的間諜動機，因為其蒐集目標廣泛，包括國家機密、商業與軍事技術、學術研究、智慧財產權與商業機密等。這些動機遠比情報界傳統認識的「MICE」更為廣泛。

在本書調查的 855 起人力情報間諜案件中，有 582 件顯示出人員因明確動機而同意代表中方從事間諜活動。(59) 儘管這些案件呈現出具體的動機，但不能因此排除其他次要或附加的驅動力。同時，我們也無法完全掌握影響某人決定從事間諜行動的所有背景因素。然而，大量案例仍讓我們可以將這些動機歸類為若干明確的類別。

經濟間諜的動機

在從事經濟間諜行為的個案中，62% 的人是為了在中國創立或發展競爭性企業；有 14% 的案件動機來自民族主義（ethnonationalism）；22% 的案件動機為金錢；另有 2% 的案件動機為學術升遷 [60]（見圖 8）。

+ 圖 8：經濟間諜動機

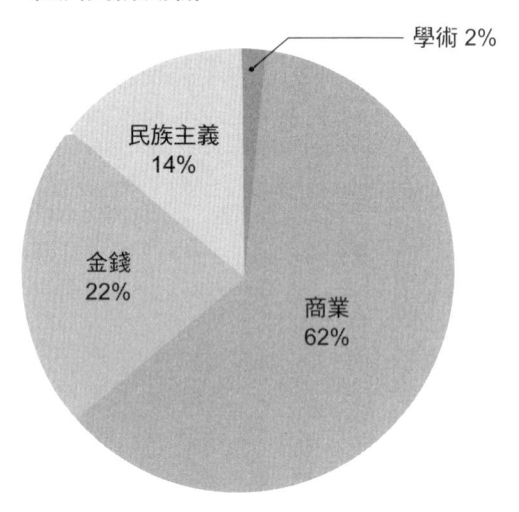

- 學術 2%
- 民族主義 14%
- 金錢 22%
- 商業 62%

經濟間諜的關鍵指標

分析 202 起經濟間諜案件，可以發現一系列共同的行為模式與具體行動，這些行為可作為識別與中國經濟間諜活動

的關鍵指標：

- 經濟間諜行為主要由公司內部人員發動。(61)
- 竊取商業機密的行為，多由歸化為新國籍的中國公民執行，而非在外國出生長大的華裔。[13]
- 公司資料的竊取通常發生在赴中國出差前的 30 天內。但也有例外，如丁林葳（Linwei Ding）案，(62),[14] 他為了規避偵查，據稱在近一年內逐步累積資料。更常見的情況是，洩密者會在前往中國之前存取（或試圖存取）大量管制數據。
- 商業機密的竊取常透過將資料移至公司或個人筆電，或私人儲存裝置，之後上傳至商業雲端伺服器，並由中國境內存取。(63)
- 資料被竊後，會在與中共官員、國企或私企洽談商業計畫時被展示，以獲取合作或投資支持。(64)
- 當事人會積極向中國商界同業展示其取得的商業機密，藉以募資，並透過中國的創投社群、私人會面或微信群組與潛在投資人接觸。

---

13 這不過是因為經濟間諜活動的驅動力之一，就是在中國創辦或推動競爭性的企業（或大學研究）。這種商業關係通常要求個人必須搬到中國才能獲益。

14 丁被指控竊取了 Google 的人工智慧研究，並試圖在中國創辦競爭性的 AI 公司。

間諜招募動機

- 國企、中共官員、大學與公司積極支持竊取外國商業機密。
- 雙方間的商業往來中有大量電郵聯繫紀錄。
- 內部人員通常與中國企業或人才引進計畫簽訂聘用合約，這些合約常透過商業郵件、微信訊息或赴中行程期間敲定。
- 有少數案例中，內部人員與網路犯罪集團合作進行經濟間諜。這些人力情報與網路攻擊行動主要針對法國與美國企業。(65)
- 實施經濟間諜的內部人員通常在中國有完整支援體系，包括與企業、大學、中共、人脈、家庭與銀行帳戶的聯繫，這些帳戶由當事人或其家人操作。
- 被竊資料通常在當事人正式進入中國公司後才完成轉移，不少人甚至先在中國新公司就職，再轉移資料。(66)
- 加害者平均年齡為40歲後半。
- 超過90%的涉案人為出生於中國的華裔人士。

傳統間諜行為的動機

　　傳統間諜的招募動機與經濟間諜顯著不同。與經濟間諜不同的是，商業機會在招募涉入國家安全相關間諜活動的對象中幾乎沒有吸引力（僅占3%）。不過在台灣的間諜招募中，有時會以在中國獲得有利商業機會作為誘因。

同樣地，脅迫在招募過程中也不常被使用（僅占 1%）。國安部的情報人員通常偏好透過建立信任與合作關係，來發展（鎖定）潛在招募對象。一個明顯的例外，是針對海外異議團體的情報蒐集。[15] 在這些案例中，脅迫、對其國內親屬的打壓與金錢誘因是最常見的招募手段。針對海外異議團體的間諜活動，不屬於傳統西方定義下的間諜行為範疇 (67)（見圖 9）。

在傳統間諜活動中，金錢（包括現金或數位支付）是最主要的動機，在中方主導的傳統間諜案件中占比達 55%。而對於非華裔人士而言，金錢則幾乎是唯一的主要動機。但也有少數案件並非出於金錢誘因。例如法國對外安全總局（DGSE）駐北京站站長亨利·馬尼亞克（Henri Magnac），他與其翻譯兼語言老師發展戀情後，就落入中國情報人員掌控。

此外，2020 年，美國前陸軍中士約瑟夫·施密特（Joseph Schmidt）試圖將軍事機密提供給中國國安部。他曾是陸軍情報人員，受過中文與人力情報技巧的訓練，並多次前往中國、香港與土耳其，試圖低調與國安部接觸。他曾寫信給妹妹，說明自己的動機如下：

---

15 中共將以下五種人視為「五毒」：法輪功、民主運動支持者、台灣獨立支持者、西藏人、維吾爾人。

嘿瑪麗，我有件事要告訴你。其實我離開美國的真正原因，是我無法認同美國的政策。我很少提起這件事，但在軍中服役時，我發現了一些非常糟糕的事，讓我再也無法安全地生活在美國，也不願再支持美國政府。我不打算回去，最多可能回去一趟，把房子賣了，也會盡量減少與住在美國的人聯絡。基本上，我會消失很長一段時間。如果你沒收到我的消息，是因為我不信任美國政府，我想盡量減少與美國的通訊聯繫。我還是會偶爾用電子郵件聯絡你，只是想先讓你知道，別擔心我。(68)

針對台灣的間諜活動動機

在全球約160起間諜案件中，約有一半以台灣人為目標。在這些案件中，現金報酬、付費旅遊與高價禮品，是最常用來招募台灣退役軍官的手段，這些人顯然是中國招募工作的最優先對象。對於台灣現役與退役軍職人員，另一項次要的招募動機是民族主義，例如部分案例中，會要求被招募者簽署效忠中華人民共和國與統一中國的誓詞。民族主義也是中國情報人員自身的主要動機，他們會利用這種民族情感來招募，在傳統間諜案件中約有25%是透過此方式進行。

✚ 圖 9：傳統間諜動機

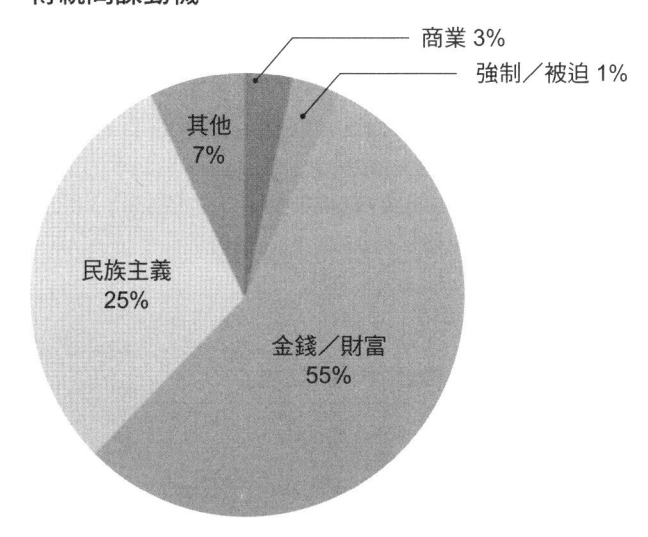

商業 3%
強制／被迫 1%
其他 7%
民族主義 25%
金錢／財富 55%

傳統間諜活動的關鍵指標

- 內部威脅。
- 招募手法：
  ✚ 透過社群媒體在線上招募，
  ✚ 常使用的掩護身分：智庫或研究公司，
  ✚ 招募初期以索取履歷或個人資料表為名義，
  ✚ 智庫會提供製作非機密研究報告的合約。
- 使用 Telegram、微信或其他加密通訊軟體：
  ✚ 涉及國安機密的個案會升級為量身打造的加密平台，
  ✚ 商業加密軟體無美國或西方存取權限。

- 使用加密貨幣或數位支付系統：
  + 如：幣安（Binance）、PayPal、比特幣（Bitcoin），
  + 有時擁有中國銀行帳戶。
- 行動安全措施（OPSEC）：
  + 購買乾淨手機與 SIM 卡（無個資綁定），
  + 國安部會支付乾淨手機費用，
  + 提供如何銷毀通訊與已傳資料的指引，
  + 不得使用政府或軍方 Wi-Fi，
  + 不留下紙本筆記，
  + 過境美國邊境前須清除手機所有資料。
- 明顯的年齡分布特徵：
  + 22 至 33 歲的年輕群體，
  + 60 歲以上的退休人員。

違反技術出口的動機

　　涉及雙用途技術與具軍事應用性的技術的出口違規案件，涵蓋多項法律條文。在這些案件中，金錢動機占比高達 72%（見圖 10）。這些金錢報酬大都透過海外銀行轉帳支付，常經由空殼公司操作，偶爾以現金支付。大多數犯罪案件並非孤立事件，而是使用偽造運輸文件，或採用第三國轉運方式進行技術出口。在多起案例中，採購人員甚至不了解或無

法掌握產品的最終用途，顯示這類違規行為多屬非專業人士的投機犯罪。中共情報行動的一大特徵，即是雇用（或操控）非專業人士販售資料。中共鼓勵這類機會主義行為，而許多創業者也樂於涉入非法活動，將竊取的技術與數據販售給中國政府機構與企業。

✚ 圖 10：管制技術違規出口的動機

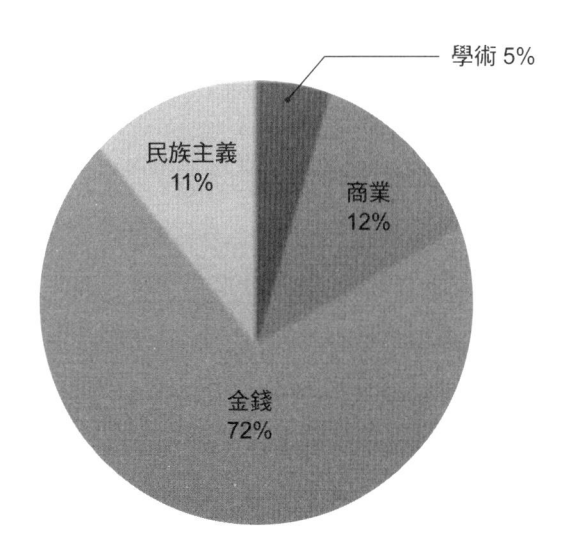

- 學術 5%
- 民族主義 11%
- 商業 12%
- 金錢 72%

非法技術出口的關鍵指標

• 從事非法技術獲取與出口的行為者多為外部威脅，而非公司內部人員。

- 此類外部威脅主要鎖定第二與第三層級供應商,例如小型公司或大學,這些單位多半從事商用、雙用途或軍事技術的開發。這一點在網路間諜活動中尤為明顯。
- 使用空殼公司與虛假網站。
- 利用暗網進行技術購買與資料販售。
- 技術轉移常透過第三國轉運。
- 使用貨運代理進行出貨。
- 初期接觸通常以電子郵件聯繫開始。
- 國安部、解放軍與國企雇用代理人執行技術竊取任務。
- 有時,這些代理人並不了解他們試圖獲取的技術。

理解間諜動機

　　上述數據顯示,情報、反情報與內部威脅相關社群,應該要先理解中國整體間諜招募手法、動機與其衍生關鍵指標。而邁向此一目標的第一步,就是創造一個更符合中國招募方法與誘因的新縮寫。與範圍有限的縮寫詞 MICE 不同,我們可以使用更具包容性且更準確描述中國情報招募方法的縮寫詞—— BEWARE:

- Business Opportunities(商業機會)——在中國建立或支援競爭性企業。

- Ethno-nationalism（民族主義）──服務於「祖國中國」與中國人民。
- Wealth（財富）──現金支付或電匯。
- Academic Advancement（學術升遷）──藉由竊取研究成果來獲取學術職位。
- Repression（打壓）──對個人及其家人的威脅與暗示性威脅。
- Emotional bonds（情感連結）──義務與友情。

　　商業──在中國建立與擴張競爭性公司的動機是經濟間諜的主要動機。如前所述，67起經濟間諜案件（占62%）的動機是奪取外國企業的市場份額。這些案件多數涉及在外國公司工作的人，這些人計畫返回中國，受聘於或創立競爭性公司（有時獲得國家支持）。

　　民族主義──是經濟間諜、傳統間諜與出口違規中的招募動機之一。民族主義這一詞有其特定含義。對中國共產黨而言，無論華人身處何地、持有何種國籍，皆被視為中華民族的一部分。這是中共用來試圖控制或對海外華人採取行動的一種心理正當性。在習近平政權下，中共與政府大幅強化在中國社會中灌輸民族主義的努力。這些手段包括教育節目、青年軍事訓練與社會獎勵制度。中共致力於建構民族主義，最近更宣布法律，禁止「傷害中華民族感情」的言論與

服裝。(69)1959 年,「傷害中國人民感情」這句話首次出現在中共控制的媒體,自此經常被用來激起群眾對外部勢力的反感。

財富——是以現金或透過公司(常為空殼公司)銀行轉帳方式支付的金錢交易。這類支付形式最常見於出口違規與傳統間諜活動中。

學術升遷——是竊取研究成果與經濟間諜中的動機之一。在儒家文化為基礎的中國社會中,教育與學者被高度重視。大多數涉及研究竊取的案件,其動機來自在中國大學中獲得學術職位的機會。這對於涉及的中國研究人員尤其適用。大學通常將這些案件視為有違研究誠信,但不會向執法機構報案。外國大學通常會終止研究合作,並遣送學者返國。對於居住在外國的學者而言,其動機則是金錢與充裕的研究預算。這些被考慮起訴的案件大都違反了美國聯邦政府的研究補助合約。在這些案例中,研究經費由美國聯邦政府支付,而成果則被中國大學複製。

打壓——是最常針對海外異議人士或在中國生活或經商的外國人所使用的招募手段。有時,脅迫是間接的,暗示若不配合將惹上麻煩;有時則相當直接。例如,2019 年,中國在 Zoom 未能即時讓公安部官員取得監控美國異議人士的權限後,關閉了 Zoom 在中國的視訊服務。(70)Zoom 隨後配合提供公安部門登入權限與五個「掩護帳號」,以監控並干擾

異議人士的會議。(71) 此外，Zoom 公司高層同意提供一百萬名海外用戶的背景資料，並承諾對任何違反中國威權法律的會議，在一分鐘內通報。(72)

情感連結──在多起案例中，資料是因與中國境內個人或在中方機構工作者之間的情感關係而被蒐集與提供的。例如，2019 年，葉艷青（Yanqing Ye，音譯）是中國人民解放軍的中尉，當時在波士頓大學的物理、化學與生醫工程系就讀。她根據中國國防科技大學教授的請求，在美國蒐集資料。(73) 中國的教育體系在根本上以儒家思想為基礎，教育在整個社會受到高度重視，教授被視為典範與導師，學生常為討好教師而採取行動。

在傳統與經濟間諜領域中，存在許多類似的案例。在海外長期活動的中國情報官員與企業領袖會經年累月建立關係，以獲取所需的商業或國安情報。

對間諜動機的總結思考

北京龐大的「舉國體制」人力情報蒐集行動，對西方情報／安全機構與私人產業構成了獨特挑戰。這些組織往往缺乏足夠的組織架構、經驗，或足夠的法律與規範體系，無法有效應對中國的商業間諜與學術研究竊取行為。在過去五年間，美國情報與執法機構已經建立了新的組織架構，並與私

人產業建立合作聯盟。這些新模式加強了溝通、威脅意識、訓練與實務分享。然而，這些僅是為了回應中國主導的新全球情報環境而採取的初步行動。

為了阻止北京龐大的全球間諜情報計畫，西方的執法與情報機構必須更深入了解中國的招募過程與動機。拋棄 MICE 模式是第一步。民主制度與企業必須調整與回應中國的「舉國體制」間諜策略。

國內情報蒐集行動

本節會概述中國的情報體系,特別指出那些對在華外籍人士監控的單位與機制,內容涵蓋所使用的技術能力、人力情報線民的運作程序,以及參與這些任務的機構結構與組織。在部分情況下,也會提供針對目標與執行蒐集行動的情報技術實例。需注意的是,以下描述僅揭示了中國國內監控能力的一部分。有學者指出,中共透過省、市、街道、國企與企業黨委系統,來對中國龐大人口與境內外國人進行情報蒐集,這是其主要的蒐集手段。

中國的傳統情報部門活躍於境內外個人的情報蒐集行動。其中包括:國安部(中國的主要民間情報機關,執行網路行動與人力情報任務);公安部;聯合參謀部情報局(主要針對外國軍事目標行動)。

在中國,外國人會遭遇多方位的嚴密監控,參與監控的主體包括:公安部、國安部、電信服務提供商、各級中共黨

組織與機構。由黨領導的街道居委會通常負責蒐集當地居民與外籍人士的相關情報，並向地方政法委報告。這些資訊最終會分享給國安部。

中國政府對外國旅客進行密切監控，目的是防止商業技術與資料被竊取。智慧財產權盜竊是中國的一大擔憂，而透過間諜手段取得外國技術的行為非常普遍。政府同時也展現出對外來影響的極端猜疑與防備心態，對於被視為意識形態威脅的人士會進行嚴格監視。例如，中國曾因外籍人士在公共場所拍照或造訪特定地點，而以間諜嫌疑之名拘留他們，儘管這些行為看似無害。這種猜疑心理也反映在中國的舉報獎勵制度中，鼓勵公民檢舉可疑間諜。

此外，中國對於保護其經濟利益的強烈重視，也體現在對在華外企的行動上。當外資企業的行為被視為危害中國經濟安全，或有利於中國的競爭對手時，這些公司可能會遭到政府調查、司法處置，甚至面臨逮捕與停業的風險。

國安部的國內情報蒐集

國安部在中國國內監控工作中的角色相對狹窄。其監控與調查工作主要針對被中國政權視為潛在威脅的外國人。其中，只有極少數情況是針對被視為國內反情報關切的中國公民。值得注意的是，國安部也會在重大犯罪活動或大型公共

活動安保等事項上支援公安部。

國安部從事情報分析與蒐集行動，主要聚焦於外部威脅。然而，正如同其他威權政權一樣，它也非常警惕內部威脅。該部門在國內與海外皆進行人力情報行動、反情報與反間諜行動，包括雙面間諜作戰與對間諜行為的調查。

2016 年以來，網路情報蒐集任務也從解放軍轉交給國安部，這些任務多由外包商完成，其中部分人員已被確認具有犯罪背景。這些承包團體除了情報任務外，也涉及犯罪活動。(74) 他們將犯罪型的情報竊取行為與國安部需求相結合，執行中國國內與國際的網路情報蒐集行動。國安部亦擁有在中國境內逮捕權。

地方國安局會使用國內的線民系統。這些人被稱為「人民防線聯絡人員」。迪慶州國安局在年度報告中指出，其在例行飯店安全檢查中成功招募飯店員工作為線民。其他省級國安局也使用相同的術語。這些線民多被指派針對外籍人士進行情報蒐集。

地方國安局通常有五個業務單位與一個總辦公室（General Office），該辦公室同時也是中共在部門中的嵌入單位。(75) 每個業務單位內部亦設有支部黨組織。(76) 主要職責包括對企業、黨組織與大學進行情報簡報與回報工作。

但整體來說，國安部在省市層級的部署尚不足以支撐其所有任務所需的監控能力，因此需要依賴廣大群眾來進行主

要的監視工作。國安部也負責保護性情報蒐集任務，會對任何可能被視為威脅的人進行監控與／或訊問，特別是在大型公共活動舉行前（見圖 11）。

中國的監控網絡不僅涵蓋政府機構，也延伸至民營企業與其員工。多起案例顯示，在中國企業工作的個人被國安部招募從事間諜活動。例如，國安幹員徐炎鈞就經常透過電子郵件指示飯店員工協助他針對外籍訪客執行情報行動。飯店經理毫不遲疑地配合其要求。(77) 某省級國安局更表示，共有 13 家接待外籍人士的飯店已簽署安全合作協議，會定期向國安部提供外國人資料。(78)

外國公司員工，包括那些擔任企業駐外外交支援角色的工作人員，經常被要求向國家安全部報告，有時頻率為每週一次。在這些情況下，這些人可能會被建議避免在本地員工在場時討論敏感話題或使用特定通訊方式，因為本地員工有義務將相關資訊回報給當局。

此外，專門接待外籍人士的飯店通常配備先進的電子監控設備，包括聲音與影像監控。這類監控不限於客房，飯店內的公共空間也會受到密切監視。在客房內，外籍訪客偶爾會發現隱藏的監控裝置，如麥克風或攝影機。

有個具體案例可資說明：某位美國航太企業主管曾在其飯店房間中發現一個隱藏麥克風。[16] 此事件凸顯中國技術監

---

16 該人傳給我一張照片，顯示其北京飯店房間內藏有麥克風。

圖 11：國安部局級作業

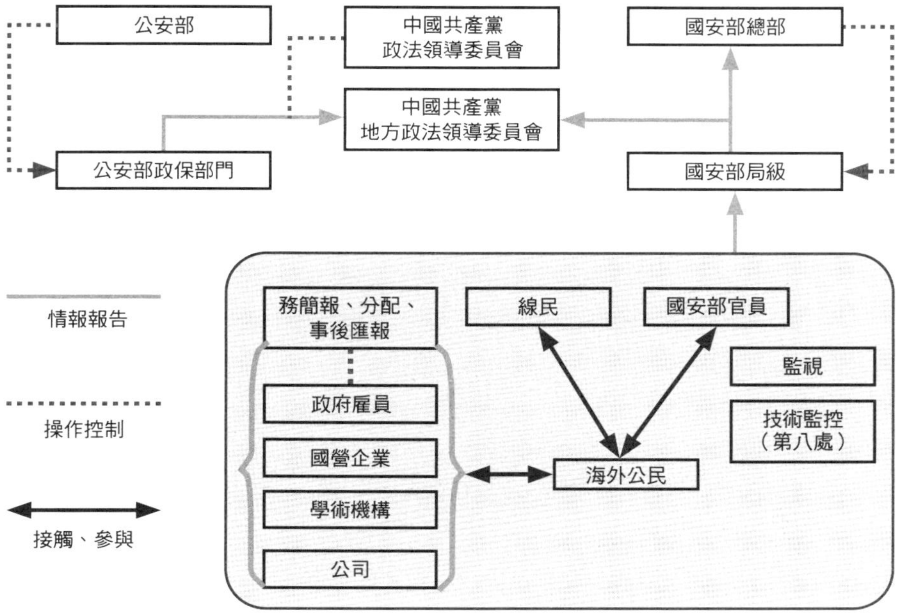

```
公安部 ──→ 公安部政保部門
  ↓
中國共產黨政法領導委員會
中國共產黨地方政法領導委員會
  ↑
國安部總部 ←→ 國安部局級
```

情報報告 ────
操作控制

接觸、參與 ↕

務簡報、分配、事後匯報
政府雇員
國營企業
學術機構
公司

線民
海外公民
國安部官員
監聽（技術監控 第八處）

國內情報蒐集行動　73

控的普遍性,尤其是在外國人常入住的飯店中。中國的監控技術相當先進,公共區域通常設有監視攝影機,讓當局能夠追蹤外國訪客的行動、會面與外貌特徵。

對於那些在中國政府所關注的產業(如航太、科技或國防)工作的外籍人士而言,其筆記型電腦很可能成為駭客攻擊目標。國安部有一支專責技術監控的分隊(第八處),專門負責筆電滲透等任務。在多起有案可查的案例中,來自漢威(Honeywell)、奇異公司與波音等公司的員工,其筆電在中國逗留期間即遭到攻擊。這些攻擊通常發生在當事人離開房間、與中方接待人員外出活動時。

公安部的國內情報蒐集

公安部是中國針對在華外國人進行情報蒐集的主要機構。國內安全保衛局負責領導這項工作,該局下設的第一局負責調查間諜與顛覆活動。[17] 此外,公安部也監督公共資訊網路安全監察職能,這是公共安全情報的重要組成部分。

自 2005 年起,公安部開始轉型,朝向情報驅動的刑事調查模式,這與美國在 9/11 後所採行的模式相似。此一轉變導致中國建立起龐大的國內監控體系,其中最具代表性的為

---

[17] 對外國人的國內監控也可能涉及第 27 局,該局專注於反邪教活動,包括對宗教團體的監控。

「大型情報系統」（Big Intelligence System），這是一個全國互相聯繫的情報網絡，整合地方資訊系統並進行戰略性運作。該系統包括指揮中心，負責分析來自公共交通、電信、公共機構、企業等來源的大量數據，並運用先進的人工智慧與人臉辨識技術。[18]

在地方層級，「大情報系統」由網格化監控體系支撐，典型例子是應用於新疆對維吾爾族的控管模型。公安人員會記錄地面與空間特徵、進行訪談，並收集包括人臉資料與戶籍等在內的全面資訊。這些資訊輸入至全國性網格系統，並與信用卡交易、電腦使用、手機數據等整合，形成一套廣泛的社會控制機制。

- 負責國內政治監控的部門為公安部與地方公安局的第一處（政治安全保護部門）[79]。
- 政治安全保衛（簡稱政保）估計約占中國警力的3%到5%。
- 中國的政保人數大約在六萬至十萬人之間，相當於每14,000到23,000名公民配置一名政保人員。[80]
- 這些部門通常集中部署於高風險地區。
- 政保部門會調動地方公安單位以補充其人力不足問題。

---

18 該技術是利用美國的技術與軟體投資所開發，為了應對反恐戰爭。

政保的主要任務如下：

- 蒐集與分析情報，
- 偵查與打擊危害社會與政治穩定，以及國家安全的個人與案件，
- 鎖定宗教與少數民族群體，
- 加強對學術機構與國營單位的安全控管，
- 招募線民。

政保的情報蒐集分為三大類：敵方情報、政治情報、社會情報 [81]

- 敵方情報：
  + 關於敵對團體、勢力與分子的各項活動與情報。
  + 有關敵對外國與國內勢力的勾結、滲透、祕密接觸與危害社會穩定的行動有關重大犯罪活動的情報。[82]
- 政治情報：
  + 中國境內外影響或可能影響社會與政治穩定及國家安全的政治趨勢與發展。
  + 包括各社會階層對中共或政府政策、法律與重大事件的反應。[83]

- 社會情報：
  + 社會內部可能造成不穩或影響穩定的各類因素。包括對重大事故、天然災害、罷工與社會趨勢的輿論反應。
  + 政保部門經常會對高風險目標展開監控。
  + 涉及外國接觸的案件會轉交給國安部處理。此機制展現出省與市層級之間的高效協作。在某些地區，國安部與公安部的辦公單位會設於同一地點以強化合作。(84)

　　國安部與公安部共同構成對中國社會的全面監控網絡，其主要目標是維護社會穩定。而在這一角色中，公安部無疑是最有權力與最受重視的機構。這是因為，維持社會穩定與保護中國共產黨，正是中國國內安全與監控體系的首要任務；情報只是達成該任務的工具之一。維穩是公安部的核心責任，但所有相關機構皆為此目標服務（見圖 12）。

統戰部與國內情報蒐集

　　中共中央統一戰線工作部（統戰部）也可能對赴中外國旅客產生興趣。統戰部是中國共產黨的部門，而非國家機構。該部由多個機構與組織組成，有數萬人在全球參與情報蒐集工作。統戰部與中國的情報體系密切合作，並與中國駐外使館協調行動。該部執行影響力行動並蒐集資訊，特別聚焦於

圖 12：公安部和國安部國內監控

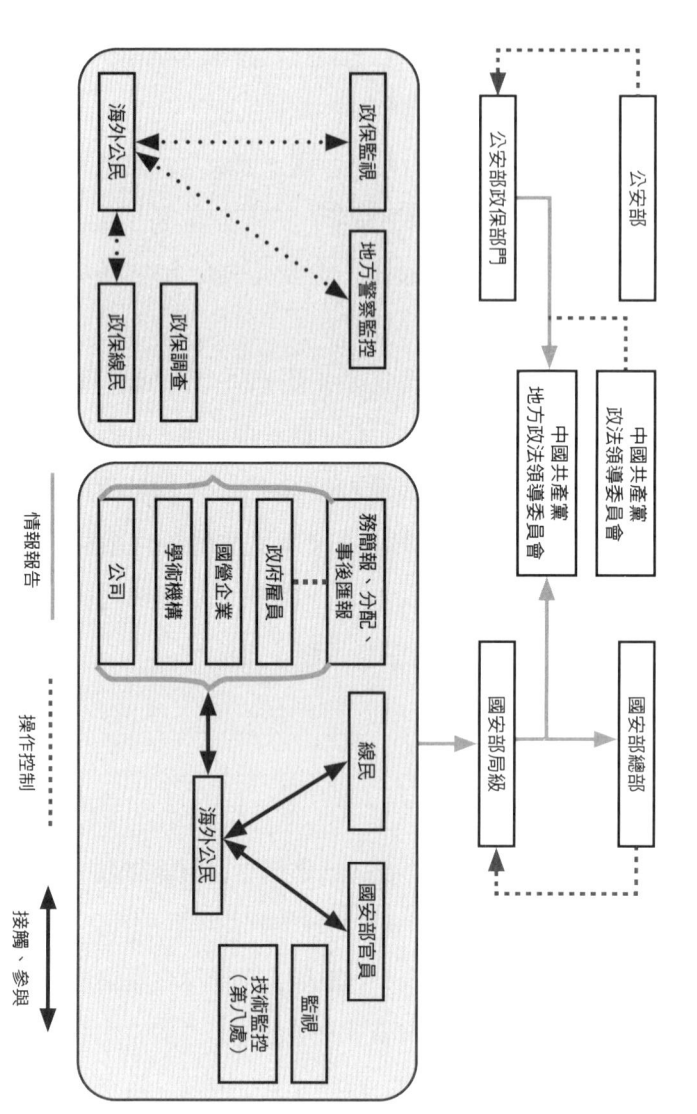

公安部
├ 公安部政保部門
└ 中國共產黨政法領導委員會 / 地方政法領導委員會

政保監視 — 地方警察監控 — 政保調查 — 政保線民 — 海外公民

國安部總部
└ 國安部局級

國安部管轄：
- 務簡報、分配、事後匯報
- 政府僱員
- 國營企業
- 學術機構
- 公司

線民 — 海外公民 — 國安部官員 — 監視 — 技術監控（第八處）

情報報告 ── 操作控制 ── 接觸、參與

78　中共間諜戰術全解析

中國所界定的「五毒」，即法輪功、維吾爾人、藏人、台獨支持者、民主運動人士。任何與上述團體有關的人，皆會受到統戰部關注。情報與統戰工作密切結合，例如：統戰部與國安部第十二局緊密合作。

情報局與國內情報蒐集

中央軍委聯合參謀部下設的情報局負責戰略情報的蒐集與分析。除聚焦於國防相關情報外，該局也支援國防採購，往往涉及與國家安全與軍事技術發展相關的技術。

雖然通常由國安部負責蒐集科技類情報，但與軍方密切相關的個人（如軍官）可能會成為情報局的目標。該局從事國內與海外的人力情報蒐集，也會透過外交認證武官從事公開情報活動，並進行官方與非官方（如商業掩護）下的祕密情報行動。

非官方國內情報蒐集

中國的情報系統是多元化的，其範圍超越政府部門。與西方國家主要由政府機構主導情報活動不同，中國採取國家、企業與黨部門並用的模式。國有企業約有 15 萬家，其中五萬家屬於中央級別，雇用數百萬員工，這些員工對中國

共產黨與國家負有責任。(85) 這些企業可能被指派參與情報任務，已有多起紀錄顯示國有企業員工參與國內情報行動。此外，私營企業、大學、智庫與黨組織依法也有義務配合情報蒐集。根據中國法律，所有個人與機構必須跟情報與執法單位合作，若不配合將面臨嚴重懲罰。

法律框架

如前所述，中國有一套涵蓋情報、反情報、網路與國家安全的法律體系，用於支援其國內情報蒐集活動。因此，任何接獲中國情報部門聯繫的企業或個人，在法律上都必須配合，拒絕配合將招致嚴重後果。這套法律架構反映出中國政府對於控制資訊與維持國內穩定的強烈意志，特別是為了防止所謂的「精神汙染」或意識形態滲透。

中國共產黨的首要責任是保護自身權力，而非國家或人民，這與自由民主國家以保障人民為優先的制度不同。中共為了維護權威，會致力於控制國際形象，尤其是有關政治敏感事件。例如，中共在奧運等國際賽事期間採取極端措施，防止可能損害中國形象的事件發生。即使是奧運頒獎台上的小型抗議行動，也被視為對國家榮譽與形象的重大威脅。

中共的優先任務包括：控制資訊、保護黨的統治權威、阻止外來滲透。這些目標主要透過一套稱為預防性壓制

（preventative repression）的體系來實現。(86) 此類預防性壓制包括對整個社會進行高度入侵式的監控，目的是在潛在威脅發生前就將其消除。這使得中共能避免其他威權體制常見的公開暴力鎮壓行為。這些活動構成了中共維穩與維權的更大戰略，目的在於應對各種被視為內部與外部威脅的因素，進而維持其政權穩定與權力延續。

國內技術性情報蒐集

中國運用廣泛的技術監控手段來追蹤個人行蹤，據估計，全國超過十億支手機受到監控。過去，在抵達北京機場時，當局會直接從旅客的手機中提取並下載數據；但現在的作法有所改變：中國政府透過電信公司取得這些資料，而這些公司依法有義務配合。已有多起紀錄顯示中方提出資料調閱請求，顯示其監控能力的廣泛程度。(87)

中國最主要的監控方式之一就是手機監控。政府能夠監聽並錄製通話內容，還能將數據與特定個人綁定。這項作法極為普遍。

根據公安部發布的採購招標資訊，中國的監控行動不限於語音通訊，還涵蓋社群媒體活動與網路使用行為。在部分案例中，對象若為特定重點關注人員，還會遭遇地面人員的跟蹤監視。中國在人工智慧與人臉辨識技術的整合上居世界

領先地位,全球前三大閉路電視(CCTV)系統與人臉辨識軟體供應商皆來自中國。2017 年,英國廣播公司(BBC)一位記者曾參與中國內部技術監控系統的展示。他在貴州省貴陽市內移動時,公安部門能夠在七分鐘內精準鎖定並攔截他的行蹤。(88) 公安部表示,該系統將打擊犯罪的反應時間縮短至兩分鐘以內。

中國也透過信用卡交易資料來加強國內監控。只要個人使用信用卡,交易資訊就會被整合進龐大的個人資料庫。同樣地,手機應用程式(App)的使用情形也會被追蹤。例如在 COVID-19 疫情期間,政府推出的健康碼 App 即成為另一個監控個體行為的工具。[19] 這些 App 表面上是為了防疫用途,但實際上也被用來限制個人行動自由。曾有民眾試圖前往城市抗議,卻因健康碼顯示「紅碼」而無法登上列車,導致社會對政府利用這些 App 進行雙重監控與控管的作法產生質疑。

除了上述方式外,中國公安部還監控全國超過 4 億支監視攝影機。這些攝影機可透過人臉辨識與步態識別技術追蹤個人。例如,在某些城市,行人若違規穿越馬路,其照片會即時出現在電子螢幕上,罰款直接從銀行帳戶扣除。中國政府也會蒐集街頭攝影機的音訊資料,這些攝影機能捕捉 30

---

19 健康碼 App 的安裝並非強制性。但若未安裝則會受到嚴格限制,如無法開立銀行帳戶、就學、旅行等。

英尺（約九公尺）內的對話內容。這種程度的監控，是中國政府維持嚴格社會控制的整體戰略之一。這套技術蒐集與資料儲存系統的設計目的，是為了讓中國當局能夠全面掌握個體的行動軌跡、活動內容與人際關係。

其他國內情報蒐集手段

中國的監控基礎設施十分龐大，學者、公司職員與外國訪客在境內可能遭受各種形式的監控。即使是在社交場合，例如在餐會中舉杯祝賀或友誼交談時，外國賓客也可能在毫無察覺的情況下成為間諜目標。其中一項令人關切的手法是所謂的「美人計」（honey trap）。例如，有外國人回到飯店房間時，發現房內已有一名女子，或在社交活動中遇見一位對自己過度吹捧的女性。這類情況並不罕見。中國政府對此類手法的危險性也有所警覺，曾製作宣傳卡通，描繪外國男性（即間諜）試圖誘惑中國女性公務員的情節。實際上，這類「美人計」常常發生在針對外籍訪客的飯店中。

在中國的飯店，特別是接待外籍人士的飯店，通常有嚴密的安保措施。例如：客房樓層會設有限制進出權限，部分樓層專為外國賓客保留；有些飯店甚至會在電梯旁設置保全人員把守，僅允許外籍人士進入特定樓層；行李安檢在大型飯店中已成常態；客人身分驗證越來越常使用人臉辨識技術。

若外國賓客回房時意外發現房內已有他人，應意識到：該人極可能已通過多重保安管制才能進入房內。

另一項需注意的安保風險是看似無害的禮物。有報告指出，外國軍事人員曾收到如智慧手錶等禮物，事後發現這些裝置已被植入惡意軟體（malware），可用來攻擊並入侵個人設備，尤其是手機。

中國最具權力的國內情報蒐集機構或許是國家安全委員會。該機構由習近平於2013年成立，並已在中國各級政府複製設置。通常，省級中共黨委書記擔任該省國安委主任。無論在何種層級，國家安全委員會皆負責統籌與監督中國國內外所有涉及國安工作的部門與中共機構（包含情報）。(89)

章節摘要

中國透過以下手段監控外國人（同樣也監控本國人民），以建立潛在威脅與情報目標的全面檔案：

- 網路滲透攻擊。
- 網路行為追蹤與警示。
- 語音通話追蹤與錄音。
- 社群媒體監控。
- 實體監控與跟監。

- 閉路電視監控（CCTV）。
- 人工智慧與人臉辨識系統。
- 信用卡使用紀錄（追蹤與警示）。
- 手機應用程式（有時會在入境時強制安裝）。
- 民間公司員工（至少有三起案例顯示，國安部透過當地公司員工協助招募外籍人士為線民）。[90]
- 外交服務局（Diplomatic Services Bureau）。
- 飯店員工。
- 飯店內的電子監控系統。
- 其他人力情報來源（線民）。

中國間諜案件分析

間諜案件分析

本節深入分析中國在全球從事的間諜活動，涵蓋國家安全相關間諜行動、經濟間諜行動與祕密行動。此分析說明事件經過，並強調其中的行動技術與情報實務。

國家安全案件

彭學華

2019 年「彭學華」（Edward Peng）案，揭示了國安部在美國的行動技術與運作手法。(91) 這起案件與其他幾起類似案例，展現了國安部在某些領域行動技術的進化與熟練度的提升。彭學華被美國法院定罪，罪名是作為國安部的

祕密特務。他充當所謂的「支援線民」，在一名已被招募的特務與國安部幹員之間負責祕密交接（dead drops）(92)。但實際上，這名「被招募的特務」是由 FBI 控制的雙面間諜。正因如此，FBI 能夠全程監控彭，並拍攝他執行任務的錄影證據。(93)

彭與 FBI 特務是在兩人分別前往中國時，被國安部接觸的。彭是回中國探親，國安部知道那名特務握有機密情報，因此視其為可招募目標。這起事件顯示，國安部招募目標的識別與篩選，可能與中國政府的簽證核發與邊境安全系統相結合，形成一套系統性流程來鎖定目標。

其他值得注意的細節包括彭在中國有廣泛的商業聯繫（見圖 13），國安部知曉其家族在北京的投資事業，並向 FBI 特務暗示，他們可以透過這些利益來操控彭。彭與一名被認為是其姊妹的 Penny Ching 使用中國投資人的資金購置了數間飯店，其中一間位於加州，可能就是祕密交接的地點。這可能不是最佳的行動安排，但也解釋了為何雙方能進入同一房間完成情報交接 (94)。

情報手法分析

以下幾項是本案中觀察到的間諜手法，其中某些也出現在其他近期的間諜案中：

- 彭學華案是國安部在美國境內使用 dead drop 的首個已知案例。
- 國安部會鎖定赴中國旅美人士作為潛在的間諜招募對象。彭與一名 FBI 線民便是在造訪中國期間遭到接觸企圖招募，當時彭是回中國探親。國安部已掌握該名線民擁有機密資訊的存取權，因此將其列為招募目標。此類招募行動顯示，中方對潛在人選的鎖定極可能與中國政府的簽證核發與邊境管理系統緊密結合，形成一套龐大的整合式目標選定機制。
- 中國國安部在人力情報中，對線民的驗證能力不足。這一觀察反覆出現在多起國安部的間諜行動中。例如，在某起為期兩年的行動中，國安部始終未察覺該名線民實際上是由美國 FBI 所控制。[20]
- 中國情報人員使用官方與非官方掩護身分（註：國安部廣泛使用商業掩護身分）。
- 國安部僅提供其線民最基本的間諜訓練。彭與該名 FBI 線民接受過一定程度的指示，彭也實際執行了若干情報作業技能。
- 北京的國安部幹員以民族主義為動機，說服彭投入間諜行動。

20 情報機構通常會採取措施驗證他們所招募的線民，以降低這些人其實是由外國反情報組織所控制的雙重間諜的可能性。

- 彭學與 FBI 線民皆由北京的國安部幹員負責聯繫與操作，此與國安部慣常作法一致。
- 彭多次攜帶含有機密資訊的 SD 卡返國。以手提方式將資訊（通常為加密狀態）帶回北京，是國安部線民常見的行動方式。
- 國安部以商用電子郵件與電話進行情報通訊，並使用簡單的暗號。據報導，國安部在與彭聯繫期間有考慮改用加密軟體，且 FBI 也觀察到一段時間後電話通訊量大幅下降，顯示可能已轉換通訊方式。使用簡單代碼與公開通訊是其標準慣例，但近年亦開始採用商業或進階加密技術。(95)
- 國安部的情報作業手法包括前往第三國與線民會面，以控制在其他地區工作的線民。例如，FBI 的線民曾在歐洲與兩名國安部幹員會面，此舉旨在降低懷疑、提高線民的行動安全性。(96)
- 目前無證據顯示國安部在操作中要求線民簽署收據（註：這會使其情報體系易於腐敗，因為作業人員可藉此侵吞經費）。
- 彭在長達兩年的期間內，未曾察覺 FBI 的監控，顯示他未接受過反監控訓練，整體行動準備也極為有限。(97)

圖 13：彭學華案關係圖

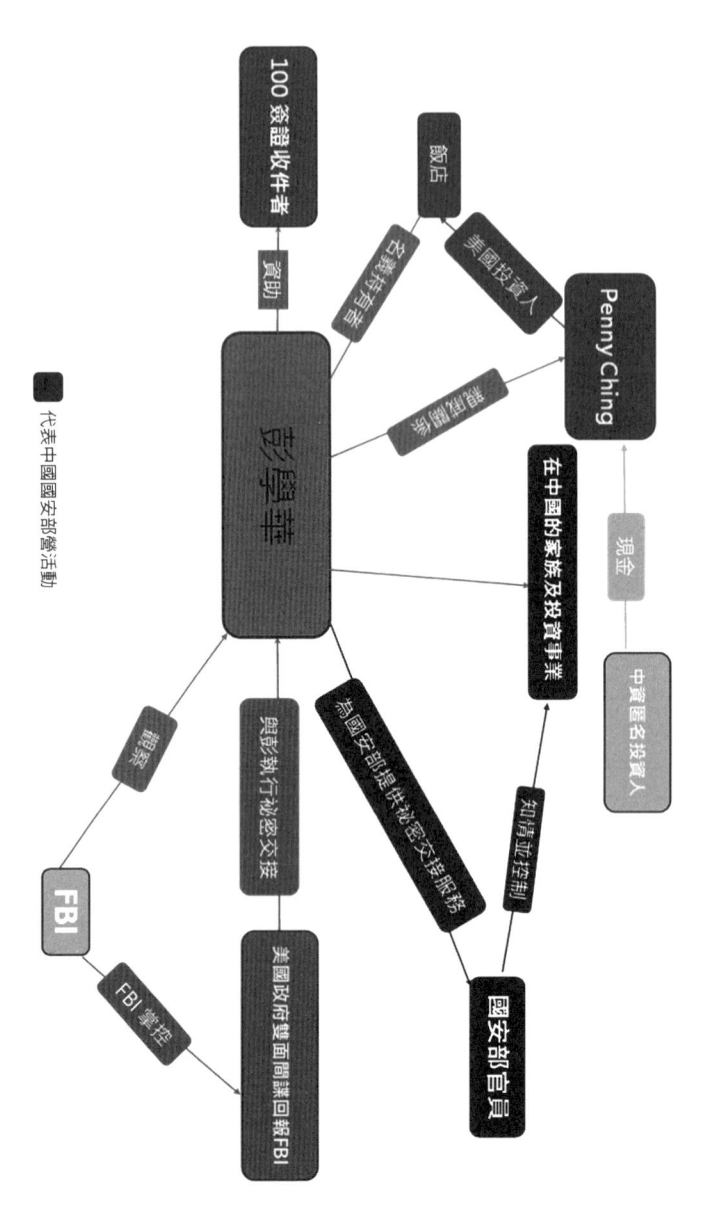

- 100 條證收件者 ←(資助)— 彭學華
- 飯店 —(名譽持有者)→ 彭學華
- 美國投資人 —(潛在客戶)→ Penny Ching
- 彭學華 ←→ Penny Ching
- 彭學華 → 在中國的家族及投資事業
- Penny Ching ←(現金)— 中資匿名投資人
- 在中國的家族及投資事業 ←(知情並控制)— 國安部官員
- 國安部官員 —(為國安部提供被密交接服務)→ 彭學華
- FBI —(調案)→ 彭學華
- 彭學華 —(與彭執行秘密交接)→ 美國政府雙面間諜回報FBI
- FBI —(FBI掌控)→ 美國政府雙面間諜回報FBI

■ 代表中國國安部營活動

姚俊威

另一宗近期提供中國國安部運作洞見的案例，是姚俊威案，其英文名為 Dickson Yeo。他於 2020 年在美國被定罪，罪名是作為國安部的祕密線民。在此角色中，他並未直接竊取機密資訊，而是代表國安部物色掌握機密資訊的人員，評估其弱點與需求（例如財務、情感等），並與之建立關係。之後國安部會試圖招募楊所辨識出的美國目標。

姚俊威為新加坡國籍，是新加坡國立大學博士生，自稱為中國問題專家（Sinologist）。他在網路上相當活躍，長期發表親中立場言論，自 2010 年起經常在《The Diplomat》與親中媒體《Shanghaiist》發表評論。2014 至 2019 年間，他在 Quora 上發表了超過 200 篇文章。[98] 據推測，姚可能是被其博士導師、黃靖博士（Huang Jing, PhD）識別、評估甚至開發為潛在人選。

黃靖是名華裔美籍學者，2008 年加入新加坡國立大學李光耀公共政策學院。在此之前，他曾任教於哈佛大學、猶他州立大學與中國山東大學，並於史丹佛大學與華府布魯金斯研究所擔任研究員。

黃靖是姚俊威的博士論文指導教授，兩人的師徒關係在以儒家教育體系為基礎的亞洲學術環境中通常會非常密切。2017 年 8 月，黃靖遭新加坡政府驅逐出境，被指為「影響

力代理人」（agent of influence）。新加坡內政部指控他為某一未具名國家的情報機構及其特務工作，意圖影響新加坡的外交政策與公共輿論。(99) 該部門指出，黃靖向中國提供「特權資訊」，藉以影響具影響力的新加坡人的看法與行動。(100)

在被新加坡驅逐出境後，黃靖於 2018 年重新出現在中國，擔任新華社的分析員。2019 年，他成為北京語言大學國際與區域研究院的院長。他公開否認所有對他的指控。

姚俊威是在一次赴中國北京參加學術會議的旅途中被招募的。據稱，招募他的人自稱來自上海的一家智庫。(101) 根據中國國安部的指示，姚執行了以下行動：

- 嘗試從新加坡政府官員那裡套取情報。這項行動可能也是為了拓展未來的工作機會。
- 向中國方面回報東南亞地區的地緣政治動態。
- 前往華盛頓特區，物色具有招募潛力的個人。
- 在社交媒體平台 LinkedIn 上設立虛假的顧問公司，藉此識別並招募持有美國最高機密安全許可並能接觸機密資訊的美國人。

姚俊威於 2016 年 6 月至 2019 年 1 月間，擔任北京大學國家戰略傳播研究院的研究員，期間撰寫或共同撰寫了 29

篇學術論文。2019 年 1 月起,他在中國國安部的控制下,成為位於華盛頓哥倫比亞特區喬治華盛頓大學的訪問學者。在華府期間,姚物色並評估了政策領域與智庫中的人員,積極參加各類會議、講座與活動。這些活動讓他得以直接接觸到現任與前任的高階政策官員、軍事將領與政府職員。不過,他是否確實依照指示執行相關任務,目前尚不得而知。

中國國家安全部曾指導姚俊威在美國期間如何維持行動安全。他們指示他前往美國時不得攜帶手機與筆記本,並避免與他們聯繫,除非透過在咖啡廳等地使用的隨機 IP 網路發送電子郵件。在美國境外,他則透過中國的即時通訊軟體 WeChat 與中國幹員聯繫,並被要求使用多支手機,且每次更換 WeChat 帳號以增加隱蔽性。

國安部最初指派姚在美國蒐集關於人工智慧、美國商務部,以及美國貿易談判立場的相關資訊。根據指示,他設立了一家虛構的顧問公司「Resolute Consulting」,並以某知名公司名義刊登職缺,目標是鎖定那些擁有機密情報存取權限的對象。

在他被識破與逮捕之前,其行動已經導致 400 份履歷被送往北京,其中數名對象已進入招募初期階段。姚俊威並指派這些潛在招募對象撰寫多篇研究報告,內容涉及下列未公開的主題:

- 美國空軍 F-35B 隱形戰鬥機計畫（由一位美國空軍文職人員提供）。
- 美國自阿富汗撤軍的細節（由一位軍官提供）。
- 一位美國內閣成員的詳細資料（由一位美國國務院職員提供）。 (102)

情報手法分析

- 與彭學華一樣，姚俊威是在赴中參加活動期間被招募的。
- 在招募之後，國安部幹員會定期陪同姚俊威通關而不蓋護照章，以掩蓋他進出中國的紀錄。此行為顯示國安部與中國簽證／邊境管制部門之間的合作關係。
- 姚俊威是由中國國內的國安幹員負責操控。雖然是由上海國安局招募，但他似乎有來自不同省份的多名負責人員。
- 姚俊威多次前往中國與情報幹員會面、提供資訊與協調行動。
- 國安部提供給姚俊威的訓練相當有限，僅包括如何辨識與評估潛在目標，例如：對工作不滿者、財務困難者、有撫養費負擔者、與姚俊威建立良好互動者。
- 姚俊威聲稱他從所有中國情報幹員（即便來自不同省份）收到的任務皆相同。若此說為真，表示：1. 北京中央單位統一下達情報需求給地方單位；2. 各省國安單位之間未能

有效整合與協調情報蒐集需求。
- 國安部指示姚俊威在赴美時不得攜帶手機或筆記本。
- 他使用中國加密通訊工具 WeChat，並被指示每次與國安幹員聯絡時都要創建一個新帳號並使用不同手機。這一指示格外值得注意，因為中國政府曾對美國邊境人員搜查中國公民手機表示不滿。(103)
- 中國駐美大使館曾於官方網站提醒中國公民：其電子設備在美國邊境可能會被搜查。(104) 中國人民解放軍似乎也重視此風險，正如王新（Xin Wang）案所示。王新為一名在美國偽裝身分的解放軍軍官，2020 年 6 月於洛杉磯國際機場因簽證詐欺被捕。他在前往機場途中刪除了 WeChat 內容，試圖銷毀證據。(105)

此案中最引人注目的兩點，其一是他如何利用 LinkedIn 建立掩護公司並鎖定、招募間諜對象。姚俊威曾形容自己對 LinkedIn 的使用已達「沉迷」程度，每天花費超過 12 小時在上面。美國、英國、德國與法國都曾報告指出，中國透過 LinkedIn 鎖定了數以萬計的本國公民作為間諜目標。此案另一個值得注意的面向，是姚俊威所建立的廣泛人脈網絡。他透過各地大學與其掩護公司 Resolute Consulting，在全球範圍內建立了潛在情報來源的聯繫網絡（見圖 14）。

+ 圖 14：姚俊威案關係圖

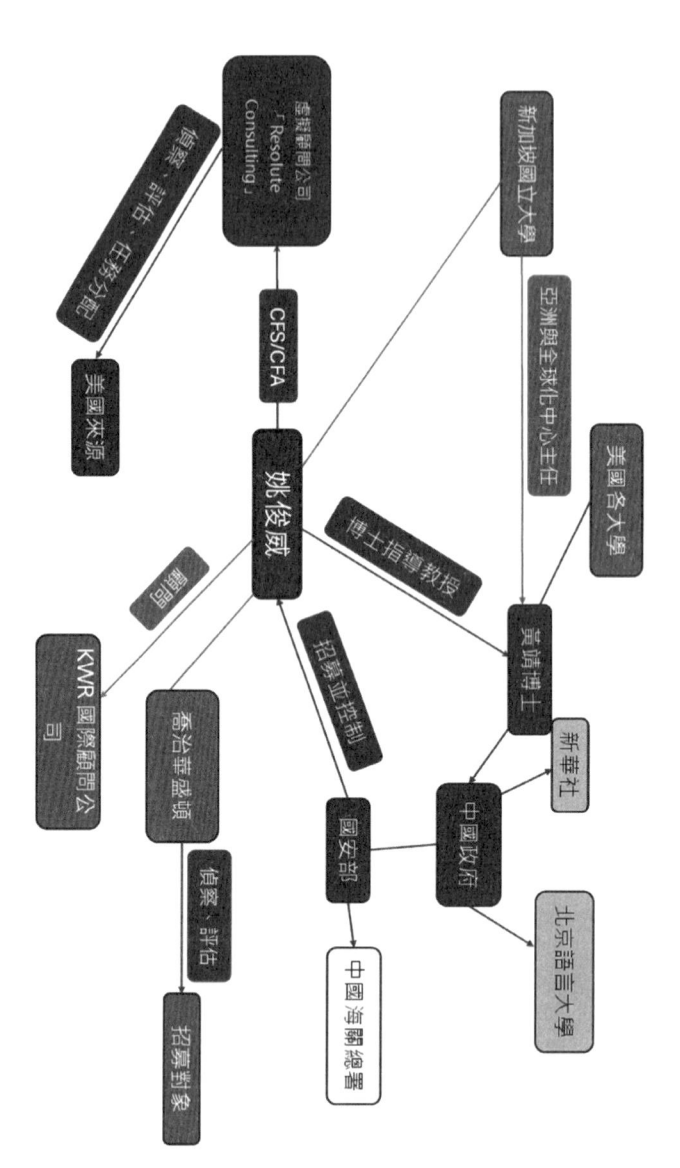

凱文・馬勒里

凱文・馬勒里（Kevin Mallory）案顯示，中國國安部使用位於上海的智庫作為掩護，透過 LinkedIn 進行人員鎖定與評估活動。

2017 年 6 月，FBI 逮捕了凱文・馬勒里，這位退役中情局（CIA）幹員被控為中國從事間諜活動。馬勒里也曾服務於美國陸軍、國防情報局（DIA），以及國務院外交安全局（Diplomatic Security Service, DSS）。(106) 他能說中文，曾在台灣擔任摩門教傳教士。

馬勒里是透過 LinkedIn 才和「上海社會科學院」（簡稱上海社科院）有關的人士接觸的。上海社科院成立於 1958 年，被視為中國歷史最悠久、最具聲望的社會科學智庫之一。該院設有八個業務部門與 42 個成員單位，總員工約一萬人，其中包含六位中國工程院或科學院院士與 7,600 名專業與技術人員。上海社科院隸屬於上海市政府，並接受其資金支持。(107)

馬勒里擁有楊百翰大學（Brigham Young University）政治學學士學位，在國家安全領域有多年的工作經歷。他曾於 1981 至 1986 年服役於美國陸軍現役部隊，並於 1986 至 2013 年間擔任陸軍預備役人員，期間曾至少赴伊拉克執行任務。

他在 1986 至 1990 年間任職於外交安全局擔任特別探員，1990 至 1996 年間為中情局外勤幹員（case officer），1997 至 2010 年轉至國防情報局任職，2010 至 2012 年又以承包商身分回到 CIA 服務。

馬勒里性格溫和，但較為孤僻、內向寡言，情緒表現平淡，偶爾會笑，卻不常與人建立深厚關係。他能說流利中文，曾在中國與台灣從事傳教工作，是虔誠的摩門教徒，在當地教會活動相當積極，且不飲酒、不抽菸。在聯邦執法訓練中心（Federal Law Enforcement Training Center）受訓時，馬勒里學業成績不錯，執法技能也具水準，但並非頂尖學員。[21]

馬勒里一直到他於 2012 年離開 CIA 的合約工作為止，仍持有最高機密／敏感分級資訊（Top Secret/SCI）的安全許可權。2013 年，他創立了一家名為「GlobalEx」的顧問公司，但營收不足以支應生活開銷，導致他累積了 27.5 萬美元的債務。

2017 年，一名自稱楊理查（Richard Yang）的中國情報人員透過 LinkedIn 聯繫了馬勒里，假冒來自「上海社會科學院國際事務研究所」（Institute of International Affairs, SASS）。楊理查接著又介紹馬勒里認識另一人「楊承杰」（Yang Chengjie，音譯，又名 Michael Yang），同樣聲稱來

---

21 這是我個人的觀察，因為我和馬勒里在外交安全處受訓期間是同班同學，一起訓練了五個月，也曾在國防情報局與他共事。

自上海社科院。這些國安部人員希望馬勒里能以「顧問」身分為該機構提供服務。之後，馬勒里撰寫了兩篇白皮書，內容僅使用公開資訊資料。

同年，馬勒里兩度前往中國上海，並在飯店房間內與國安部情報人員會面——這是中方情報單位的標準操作模式。當時的馬勒里已不再擁有任何現行的機密資訊存取權。在第二次中國行回美後，馬勒里開始試圖向現任 CIA 員工打聽情報，引發疑慮，這些 CIA 員工隨即向國安部門通報。CIA 將相關疑點通報給美國海關與邊境保護局，導致馬勒里被列入邊境監控名單。從第二次中國行返美時，馬勒里被海關攔下，身上攜帶了 16,500 美元現金，但未申報，違反了美國規定（攜帶超過 10,000 美元現金需申報）。儘管此舉已違法，當時馬勒里並未遭到逮捕。

1986 年春，馬勒里曾就讀於喬治亞州格林寇（Glynco）的「聯邦執法訓練中心」，當時接受了有關美國海關財政執法通訊系統（US Customs Treasury Enforcement Communications System）的實作訓練——該系統在美國各邊境口岸皆有部署。(108) 馬勒里清楚了解被美國海關人員進行「二次安檢」（secondary search）的含義，也知道自己不符合走私者的典型特徵，因此對自身所涉風險有明確意識。在返美不久後，馬勒里主動聯繫了一位前 CIA 同事並安排會面，於會中坦承他在上海與三名中國國安部官員會面的經過。

他向 CIA 表示，中國國安部的情報官員曾交給他一支安裝了特製加密軟體的手機，並訓練他如何使用該設備。馬勒里同意再次會面，但這次赴約時迎接他的不是國安部人員，而是 FBI 探員。

馬勒里將那支手機交給 FBI 進行鑑識分析。根據國安部的設計，該手機的加密軟體應會自動刪除所有傳輸紀錄，但由於程式漏洞，FBI 在手機中仍發現了四份機密文件，以及一份列出八份機密文件的目錄。其中至少有兩份文件已被傳送。

在這四份尚留在手機中的機密文件中，有三份來自 CIA，分別為一份「絕對機密」（TOP SECRET）和兩份「機密」（SECRET）等級。根據文件的保密等級、馬勒里的職涯背景與其可能的情報接觸層級，這些內容很可能涉及 CIA 的人力情報活動。

FBI 隨後於馬勒里位於維吉尼亞北部的住處將其逮捕，並執行搜索令，查獲以下重要物品：

- 一張用錫箔紙揉成團包裹的 Toshiba SD 卡，內含七份機密文件。
- 一組 CIA 發給情報人員的偽裝工具包。
- 馬勒里在香港滙豐銀行的帳戶資料。
- 手寫筆記，內容涉及數項 CIA 機密人力情報活動的資訊。

情報手法分析

- 國安部透過 LinkedIn 與 Skype 鎖定、接觸、評估與招募馬勒里。
- 國安部知道（或發現）馬勒里債務累累（27.5 萬美元），成為招募破口。
- 國安部使用上海社科院作為操作掩護。
- 聯繫與操控工具包括 LinkedIn、Skype、面對面會議，以及加密通訊手機
- 該手機應可加密與銷毀發送資料，但因系統故障未成功，導致馬勒里被捕。(109)
- 國安部直接由中國操控馬勒里，並未透過駐美情報人員聯繫。
- 報酬以現金於中國支付，避免資金追蹤。
- 招募後，他被轉交給中國的兩名國安部幹員進行後續任務分派與控制（此為祕密行動標準作法）。
- 馬勒里使用 FedEx 門市影印 CIA 文件交給國安部。[22]
- 中國的情報目標為 CIA 的祕密行動。
- 他在 2017 年取得這些機密文件的方式尚不明確。若證實

---

22 馬勒里使用 FedEx 店面的行為在情報手法上極其拙劣，無法辯解。他被店內的監視器錄下，這成為定罪的重要證據。

+ 圖 15：凱文・馬勒里（Kevin Mallory）案關係圖

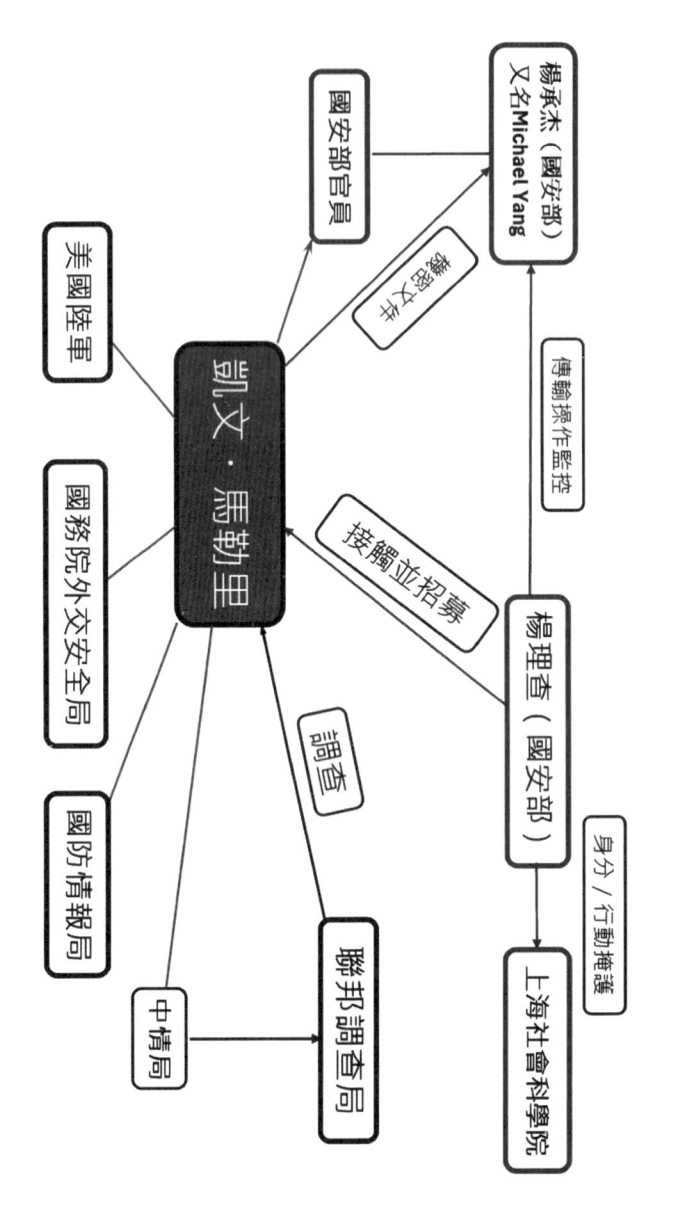

102　中共間諜戰術全解析

他早在離開 CIA 前就已盜取，則可能存在長期蓄意行動的跡象。

蘇斌

國有企業涉入情報收集行動的程度不一。在蘇斌（又名 Stephen Su）與更近期的鄭小清案件中，被告將所竊取的技術與商業機密出售給中央與省級的中國國有企業。蘇斌是中國一家航空技術公司洛德科技（Lode-Tech）的擁有者與主管，該公司在加拿大設有辦公室，蘇本人也已取得加拿大永久居留權。在這起由人力情報支援的網路間諜行動中，蘇斌與一個由三人組成、駐在中國的網路駭客團隊合作，滲透並竊取美國與歐洲航空公司內部資料。

從 2009 年到 2013 年，蘇斌利用其公司廣泛的商業聯繫網絡，鎖定擁有軍用航空技術存取權的個人，並向駭客團隊提供這些目標的電子郵件與聯絡資料等資訊。當駭客團隊成功入侵某家企業的電腦系統後，蘇斌會翻譯文件，並指導駭客團隊應竊取哪些技術資料。(110)

2012 年 2 月，蘇斌團隊向中國人民解放軍官員提交的一份報告中聲稱，他們成功滲透西藏組織與台灣軍方，並蒐集了大量美國軍民用航空技術資料。這些技術資料涵蓋 32 項美軍專案、數十萬份文件、超過 100GB 的數據。(111)(112)

蘇斌在報告中宣稱,這些資料能「讓我們快速趕上美國的水準」,而且原本受美國出口限制保護的技術,現在使得中國能「輕鬆站在巨人的肩膀上」。(113)

蘇斌也積極將其同夥竊得的資料出售給中國的相關單位,特別是國有航空公司,藉此謀取個人利益。在蘇斌與共犯的多封電子郵件往來中,他們不僅引用了解放軍航空專家的評估,來為其情報收集的價值辯護,還抱怨國有航空企業對情報「出價太低」。(114)

蘇斌曾多次前往中國,其中許多行程都是為了向中國航空工業集團公司(AVIC)慶安集團(Qing An Group Co. Ltd.)簡報情報成果。AVIC 被視為樂於接收竊得美國航空技術的主要國有客戶之一。

蘇斌利用商業電子郵件與其共犯聯繫,並向他們提供建議,指示應鎖定哪些技術、公司與個人進行駭客攻擊。他們的目標名單包括 80 名擁有特定航空太空技術存取權限的外籍工程師。蘇斌撰寫、修改並透過電子郵件向中國人民解放軍以及中國航空工業集團公司遞交報告。AVIC 在《財星》世界五百大中排名第 140 位,為國務院國有資產監督管理委員會所管理,現已被列入美國制裁名單。該集團擁有超過 100 家子公司、27 家上市公司,員工總數達 50 萬人。

蘇斌及其團隊成功蒐集了有關 32 項美國軍事研發計畫的資料,其中包括以下幾項:

- F-35 聯合打擊戰鬥機（洛克希德馬丁）：120 頁的飛行測試計畫文件。
- C-17 運輸機（波音）：五萬份文件，含 63 萬項具體技術細節。
- F-22 隱形戰機：220 MB 的資料。
- 台灣軍事資料：包含戰術演訓、作戰計畫與戰略打擊目標。
- 俄印聯合飛彈系統：包括合作研發進度與技術細節。

　　蘇斌於 2016 年 3 月在美國加州認罪，承認協助中國空軍駭侵美國與歐洲的航空公司以竊取機密資料。當時年約 50 歲的他被判刑 46 個月，但實際服刑時間不到一年便被釋放。據傳，他的提前釋放可能與中國當局扣押的加拿大公民進行了某種形式的人質交換。然而，美國聯邦監獄局的公開紀錄卻顯示，他在 1999 年就已「釋放」，這比他真正被逮捕的時間還早了七年。(115)

　　蘇斌的活動不限於經濟間諜行為。蘇斌的公司「洛德科技」登記的地址位於北京。有位前美國海軍陸戰隊戰鬥機飛行員丹尼爾・杜根（Daniel Edmund Duggan）先生，也擁有一家使用該地址的公司。杜根的公司「塔斯馬尼亞王牌飛行員學校」（Top Gun Tasmania）負責招募前軍事飛行員，以訓練中國人民解放軍空軍。杜根放棄了美國國籍，移

居澳洲，並在當地訓練中國空軍飛行員進行空戰戰術。「洛德科技」代表一家南非公司「南非飛行學院」（The Flying Academy of South Africa）擔任此項訓練計畫的人員招募單位。

根據南非飛行學院在其部落格上的一篇貼文，FBI 於 2013 年聯繫該學院，要求提供訓練中國空軍人員的名單。該學院拒絕配合。有趣的是，美國執法部門在蘇斌被逮捕的數年前，就已知曉這項活動。十年後，在 2024 年，「五眼聯盟」的各國發布了針對退伍軍人訓練中國解放軍的警告通告（見圖 16）。(116)

杜根與至少另外 12 人一同被起訴。截至 2024 年，英國與德國政府正在調查其前軍官在訓練中國人民解放軍空軍作戰戰術方面所扮演的角色。這些訓練活動發生在中國齊齊哈爾空軍基地以及南非。杜根目前被關押在澳洲，且已獲批准引渡至美國。(117)

杜根並非唯一一位訓練解放軍空軍、教授北約飛機操作與空戰戰術的前軍人。到了 2024 年，已有數十位前加拿大軍方飛行員及其他人被確認從事類似對中國空軍的軍事訓練活動。(118)

這種非常規的情報收集手段促使美國國家情報總監辦公室下的國家反情報與安全中心與五眼聯盟夥伴國一同發布了一份警示報告。該通報的部分內容如下：

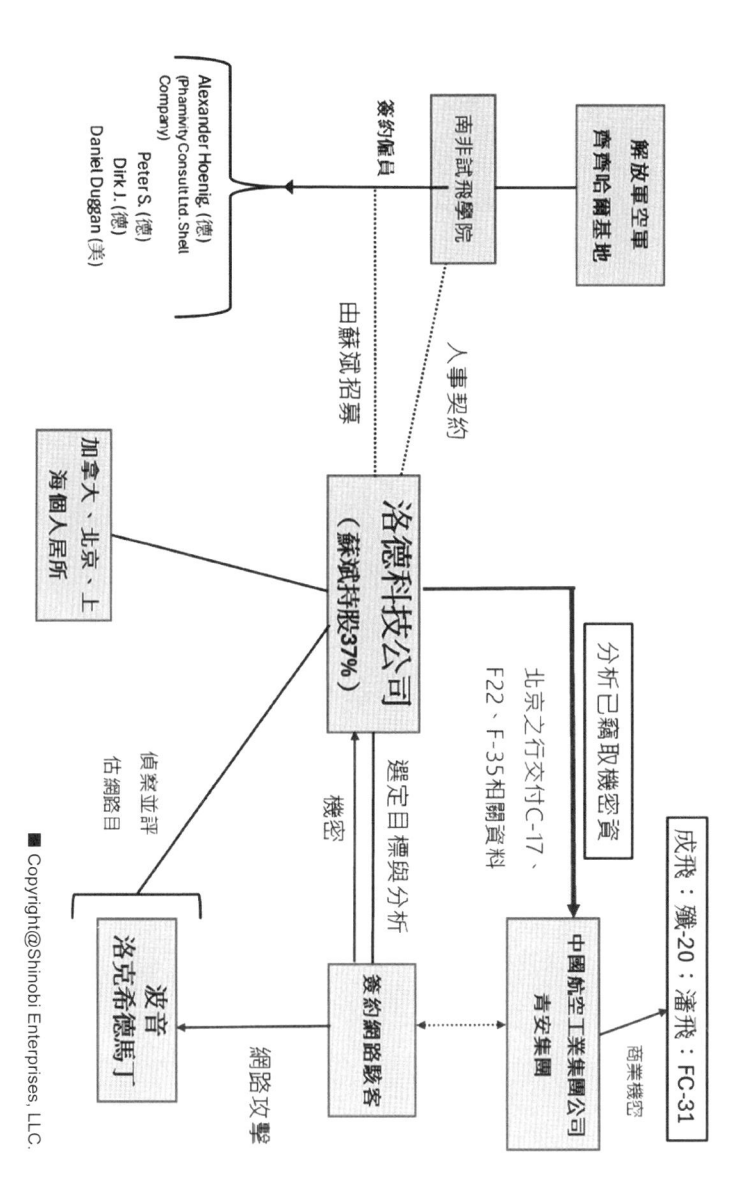

+ 圖 16：蘇斌案關係圖

```
解放軍空軍                南非試飛學院
喬治哈爾基地                   │
     │                  簽約僱員
     │                     │
     │   Alexander Hoenig (德)
     │   (Phamvity Consult Ltd, Shell
     │   Company)
     │   Peter S. (德)
     │   Dirk J. (德)
     │   Daniel Duggan (美)
     │
     │        人事契約
     │
     由蘇斌招募
                                          成飛：殲-20；潘飛：FC-31
                                                    │
                                                商業機密
                                                    │
     洛德科技公司 ──分析已竊取機密資訊──→ 中國航空工業集團公司
     （蘇斌持股37%）    北京之行交付C-17、           西安集團
                        F22、F-35相關資料
         │
         │ 選定目標與分析
         │        機密
加拿大、北京、上        │
海商人居所          簽約網路駭客 ←─ 波音
                        │       洛克希德馬丁
                    網路攻擊
                        │
                    俱樂部並評
                    估網路目

■ Copyright@Shinobi Enterprises, LLC.
```

中國間諜案件分析　107

此威脅仍持續演變，以回應西方政府對其軍事人員與公眾所發出的警告，因此本通知旨在持續強調這項持久且具適應性的威脅。美國與其西方夥伴也採取了其他行動來因應此威脅，包括對以下機構實施商業限制措施：南非試飛學院（TFASA）、北京中航技術公司（BCAT）、Stratos，以及其他利用西方與北約人員的解放軍合作機構。此外，也進行了法律與法規的修改，以禁止退役軍人與中國從事退役後的就業活動。這項威脅的規模與範圍促使來自美國、北約與夥伴國家的超過 120 位官員於 2024 年 1 月召開一場會議，以因應並反制此類活動。(119)

情報手法分析

- 蘇斌利用商業公司作為掩護與資源網絡，擔任外國航太技術的「鎖定者」與「評估者」。
- 活動地點遍及北京、加拿大、美國。
- 使用商業電子郵件與駭客共犯聯絡，採用簡單代碼傳遞指示。
- 主動建議駭客鎖定哪些太空科技、公司與個人為攻擊目標。
- 提供自己在洛德科技的人脈名單作為駭客滲透名單。

- 親自撰寫、修改並寄送報告給解放軍總參謀部第二部（總參二部）、解放軍空軍等。
- 蘇斌定期向「北京中國航空技術公司」報告竊得技術的價值。
- 蘇斌是一位機會主義者，將竊得的技術販售給中國國有企業以圖私利。

亨利・馬尼亞克上校 [23]

對美國情報損失同樣具毀滅性的，是中國國安部對法國對外安全總局（DGSE）的滲透。DGSE 是法國的對外情報機構。2020 年，兩名前 DGSE 官員（及其中一人之配偶）在巴黎被判定為向中國提供情報超過十年。(120)

亨利・馬尼亞克上校（Colonel Henri Magnac）於 1998 年被招募，當時他被派駐北京，擔任 DGSE 駐外站主任（Chief of Station）。早在 1997 年，馬尼亞克便開始與法國大使的中文口譯員洪瑾（化名：Justine）發生婚外情，洪同時也是他的中文老師。他的妻子丹妮爾・夏戈（Danielle Chagot）與孩子則留在法國，住在謝訥（Le Chesnay）聖安

---

23 本案中的數據來自法國國內安全總局（Directoire Générale de la Sécurité Intérieure, DGSI）所進行的大規模調查，該機構負責法國國內安全。該報告為了審判而解密，但未對公眾開放。參見 2019 年 12 月 2 日《重新分類、部分駁回及移送重罪法庭的命令》（D1324）。

東尼大道 32 號（32 bd Saint Antoine）的公寓中。馬尼亞克與妻子只偶爾在中國與法國見面。

丹妮爾發現婚外情後向大使報告，並要求將丈夫召回巴黎。馬尼亞克承認了這段戀情，但辯稱此事不構成問題，因為他們從不談論工作，且共度的時光僅限於一起外出用餐與看電影。然而 DGSE 認為這段關係公然違反安全規定，因為所有派駐大使館的中國口譯人員皆與中國國安部有密切聯繫。

馬尼亞克返回法國後，被解除了職務，安全許可被撤銷，最終被開除出 DGSE。之後他陷入憂鬱狀態，被送往珀西軍醫院（Percy Military Hospital）精神科病房治療。DGSE 將其轉回法國陸軍服役，並於 1998 年 9 月無退休金退休。

1998 年 8 月，洪瑾在馬尼亞克於土倫與岳家度假期間聯繫他，通知她已來到法國，並邀他前往巴黎接她，一同南下度假十天。在返回途中，洪瑾建議他重返中國，見見一些對他作為駐外站長經歷感興趣的朋友。根據 DGSE 的去職晤談報告，她對他說：「我真正感興趣的是你腦袋裡的東西。」(121)

馬尼亞克剛退休，便與洪瑾一同回到中國，他清楚國安部很可能試圖招募他。國安部確實這麼做了。1998 年 9 月 8 日，他一抵達中國便接到國安部聯繫，邀請會面。他雖猶豫了幾天，最終還是同意了。在事後接受 DGSE 盤問時，

他聲稱自己已經身無分文。第一次會面安排在咖啡館，出席者包括洪瑾介紹的張宇與王先生（反間諜局局長），以及譯員陳華（代號 Victor）。之後的那個週末，第一次正式的情報晤談在北京西北的承德別墅進行。(122)

1998 年 10 月起，晤談改為每週一次，直到 1999 年 7 月為止，頻率為每個月或每兩個月一次。地點為國安部在國際飯店附近租用的別墅式旅館。國安部在第一次會面中付給他 10,000 美元，之後每次會面支付 2,000 至 3,000 美元不等。同時，國安部幫他安排進入中國國營新華社工作，協助將英文文章翻譯成法文。

2001 年 10 月 25 日，馬尼亞克返回法國並與丹妮爾離婚。2004 年 1 月 12 日，他與洪瑾結婚。幾週後，他返回中國，之後他的同母異父弟弟、也是 DGSE 前官員的派翠克·克羅斯（Patrick Cros）也跟著來。兩人在海南海口購下一處中國海軍舊食堂，改建為餐廳，一同居住於馬尼亞克租賃的公寓中。

洪瑾則住在北京，擔任法國汽車製造商 PSA 的對外事務主管。(123) 她透過虛假發票挪用公司資金，在北京朝陽區購買了一套公寓，並與 PSA 的另一名法籍男子發生婚外情。她因違法行為於 2010 年 12 月 15 日被捕，在北京服刑至 2014 年 3 月。服刑期間，馬尼亞克另結數名中國情婦，至少有一人為他生下一名女兒。

馬尼亞克在中國與法國之間來回多年，並將他的三名國安部聯絡人——張宇、王先生與陳華介紹給他的異父弟弟派翠克・克羅斯。國安部曾多次對克羅斯進行晤談，其中一次是在 2003 年夏季，於山區別墅中進行了為期兩天的情報會議。中方人員對克羅斯在阿拉伯情報部門與伊斯蘭恐怖主義方面的專業知識特別感興趣。

在其晤談中，亨利・馬尼亞克坦承曾應國安部要求接觸 DGSE 現任官員皮耶—馬里・伊凡納（Pierre-Marie Hyvernat）。當時伊凡納仍在 DGSE 任職，原本是克羅斯的朋友。

馬尼亞克曾在部門食堂見過伊凡納與他的同母異父兄弟一起用餐，因此能認出他。伊凡納在兩次公務出差至達卡時與馬尼亞克有過接觸，當時馬尼亞克駐守在當地（約在 1990 至 1993 年間）。此外，他們也曾在法國再次碰面（1999 年 7 月至 2003 年 5 月），是在派翠克・克羅斯主辦的聚餐中。因此他知道伊凡納有酗酒傾向，對自己的職涯極度不滿，並抱持極右派傾向。事實上，伊凡納在之後的晤談中坦言，他對 DGSE 處理自己的方式極為不滿，覺得自己被不公平對待。[124] 此外，他負債累累，還有數筆私人借貸。[125] 馬尼亞克向盤問人員表示，他對伊凡納的家庭狀況與財務情形一無所知。

馬尼亞克推測，伊凡納是在 2006 年 5 月他與洪瑾進一

同前往法國的一週行程期間被接觸的。這趟行程的目的是讓洪瑾最後一次探望他在諾曼第吉索爾（Gisors）的母親。他們下榻在凡爾賽 Richaud 街上的一間小旅館。馬尼亞克趁機打電話給伊凡納，並約在巴黎沙特雷廣場（Place du Châtelet）的一家酒吧見面。

馬尼亞克告訴伊凡納，他目前在一家中國期刊工作，該期刊專門出版地緣政治分析。他詢問伊凡納，鑑於他的專業背景，是否有興趣為這家期刊撰寫分析報告與摘要。馬尼亞克還補充說，這份工作的報酬優渥。據馬尼亞克所述，伊凡納對此提議立刻表現出極大興趣，毫無猶豫。

伊凡納撰寫的第一篇文章是關於中國的一般性議題。起初，他傳送的是他個人的分析，內容並不符合國安部的情蒐需求，因此對方指導他調整內容方向。在 2007 年初第二次會面時，伊凡納交給馬尼亞克一大疊剪去「內部限閱」標籤的機密文件。馬尼亞克將這些文件帶回中國。2007 年夏，伊凡納與一間中國經濟雜誌簽訂合約，目的是在為他提供報酬管道與情報活動做掩護。在接下來的八年間，伊凡納在每次前往亞洲「度假」時，持續交付數百份機密文件。由於文件量龐大，國安部提供他一台加密電腦與一台特製照相機，這台照相機會自動刪除機密內容，並以無害文件取而代之。(126)

調查人員在伊凡納住處發現大量機密文件。內部報告指

出，他系統性地向中方提供情報，涵蓋反恐、地緣政治、反核擴散、工業安全，甚至是 DGSE 與其外勤機構之間的通信節錄。

調查報告更指出，他曾提供關於中國企業如何向北韓與巴基斯坦擴散技術的情報，以及「符合中國情報部門優先關注目標」的內容，包括 DGSE 的內部分類、技術研究中心基礎設施（如圭亞那的庫魯太空中心及法屬西印度的聖巴泰勒米島）等資訊。他還涉嫌洩漏 DGSE 特務的姓名與身分。[127]

直到 2015 年，DGSE 才確認國安部早在 1998 年 9 月正式招募了馬尼亞克。根據內部報告，DGSE 認為國安部對法國利益的滲透行動尤為激進。報告指出，國安部除了在中國境內活動外，還會派遣「巡迴特務」前往亞洲與印度洋地區與線民會面——這些地點多為旅遊勝地，因而不易引人懷疑。

針對 64 起對台灣的間諜案進行回顧後也顯示，中國在處理至少 12 名（約 19%）台灣間諜時，會採用東南亞旅遊行程掩護面談的模式。在多起案例中，招募對象會與配偶一同前往。這些招募對象多為台灣退役軍官。地理鄰近性讓中國得以安排線民赴東南亞進行「假期式晤談與任務交付」。本書其他章節提及的穆措（Gerli Mutso）案件亦顯示同樣的操作手法。

成功滲透像法國這樣的大國情報總部機構，是對任何外

國情報機關而言的重大勝利。這些被招募的線民為中國提供了 DGSE 的情報，並且涉及包括美國國防情報局在內的盟邦情報內容。(128)

情報手法分析

- 中國國安部識別並利用了洪瑾與馬尼亞克之間的戀愛關係。目前無證據顯示該關係是由國安部操縱或安排的。
- 商業雜誌被用作掩護，向馬尼亞克與其他線民支付酬勞。
- 洪瑾是一名國安部線民，而非專業情報人員，這一點可從她因在北京涉及刑事活動而被逮捕與判刑可見一斑。
- 國安部從中國境內對馬尼亞克進行控制與例行晤談。
- 國安部利用馬尼亞克的關係網，發展法國情報界的其他情報來源。
- 國安部識別並利用馬尼亞克的多種人格缺陷。
- 國安部為伊凡納的間諜活動提供了特製裝置與軟體。

滲透 DGSE 的行動，並非中國國安部對外國情報機構成功滲透的唯一案例。自 2019 年至 2024 年，美國與台灣均已逮捕數位現任與前任情報人員，指控其為北京從事間諜活動。此外，中國國營媒體與海外媒體曾廣泛報導，北京在大約 2010 年間摧毀了 CIA 在中國的情報網絡。中國積極進行

的情報與反情報工作,也削弱了美國與其盟國的情報能力,使得外界更難掌握中共的計畫與意圖。媒體報導指出,美國的間諜網在 2011 年左右在中國遭到嚴重破壞。關於這一事件是否發生,以及發生的具體方式,仍有諸多疑問。然而,北京方面公開慶祝多位聲稱為美國情報機構工作的中國公民被捕與處決。無論中國是如何識別這些美方人員,其手段導致的情報損失,對美國而言都是毀滅性的打擊。

穆措和庫茲（愛沙尼亞，2016-2020）[24]

穆措（Gerli Mutso）是一位愛沙尼亞國民,深度參與了由中國中央軍事委員會情報局所策畫的間諜活動。這些行動從 2016 年 12 月持續到 2020 年 9 月,直到穆措被捕。[129]

42 歲的穆措是一名連續創業家,曾創立並經營了九家公司,涵蓋諮詢、零售、不動產及環境永續等多個領域。儘管她的事業並不特別成功,卻為她的祕密活動提供了理想的掩護。

2016 年 12 月,穆措接觸到一名來自「北京信息協會」的代表,該協會是個與「一帶一路」倡議相關的智庫。愛沙尼亞國內安全局後來揭露這個協會其實是中國人民解放軍

---

24 本案的所有數據均來自愛沙尼亞為其刑事法庭準備的內部調查報告。內容經由 Google 翻譯及其他軟體翻譯而成。

的掩護機構。

2017 年 1 月 5 日，穆措向北京信息協會提供了她的履歷。2017 年 2 月 18 日，她聯繫了常駐北京的 W 先生，後者聲稱隸屬於一個協助中國實體在國際合作專案中提供戰略建議與風險分析的組織。預期中，穆措應具備這些領域的深入知識，並能運用她在政治與經濟領域中的人脈，為分析工作蒐集有價值的資訊。(130)

隨後，穆措與解放軍的互動從 W 先生轉移至一批使用西化代號的中國處理人，代號分別為維多利亞（Victoria）、菲利普（Phillip）和奧利維亞（Olivia）。到了 2017 年 9 月，她的主要聯繫人轉為維多利亞，並安排了在北京的首次會面。為了準備這次會面，穆措開始在網路上進行大量研究，主題涵蓋間諜與監控，內容包括間諜設備、情報，以及知名的愛沙尼亞間諜等。她深入研讀了愛沙尼亞的刑法及多項網路安全與海事相關議題，顯示她對間諜工作的涉入日益加深。(131)

2017 年 12 月，穆措前往北京與維多利亞和另一位名為菲利普的處理人會面。維多利亞給了她 5,000 歐元，並支付了她的旅行費用。維多利亞指派她負責蒐集與愛沙尼亞環境、海事及網路安全有關的資訊。為了維持安全的通信，情報局為她設立了一個專用的電子郵件帳戶（gerli2018@163.com），並使用「草稿郵件」策略來避免被偵測，這是一種

標準的間諜手法。(132)²⁵

庫茲（Tarmo Kouts）成為穆措間諜活動中的關鍵目標。庫茲是北約海事委員會中的一位專業人士，擁有機密資訊的存取權限。穆措察覺到他的潛力，便誤導庫茲，將與北京信息協會的關係描述為與海運物流與貿易議題相關的顧問合作。庫茲相信該智庫的合法性，便同意合作，並將他的履歷寄給穆措，後者再將其轉交給維多利亞，並表達對庫茲潛力的興奮與讚賞。

2018年3月24日，穆措告知她的中國人民解放軍聯絡人維多利亞，她的上級對塔爾莫・庫茲在海事議題上的潛在貢獻給予正面回饋。維多利亞建議安排一次在中國的會面，以進一步討論此項合作。2018年4月25日，穆措同意了維多利亞的建議，並提供了來自庫茲的氣象站相關資訊連結。維多利亞同時指出，她的客戶對於網路與高科技通訊技術亦感興趣，要求穆措分享任何她在此方面的管道或想法。

在一段時間的沉默後，穆措與維多利亞於2018年8月22日恢復聯繫。他們確認了在香港會面的計畫。穆措保證自己對庫茲具有影響力，並說：「當然你可以隨時指望我。別擔心，我會帶他去那裡。」維多利亞要求庫茲攜帶研究資料或報告，以展現其專業能力。穆措要求維多利亞提供感

---

25 這種簡單的方法是讓雙方都可以存取同一個商業電子郵件帳號。一方在草稿匣中留下未寄出的訊息，另一方則閱讀並刪除這些訊息。

興趣的領域,以便庫茲能夠做好充分準備。維多利亞表示,她的客戶希望獲得「非公開」的調查報告,以彰顯庫茲的專業能力與成就,並補充說他們希望邀請一位具有海事知識的傑出人士擔任外部顧問。

2018年10月,穆措與庫茲前往香港參加一場研討會,並與假扮智庫管理員的維多利亞與菲利普會面。庫茲展示了一套歐盟開發的軟體系統——「運行海洋學」(Operational Oceanography),並展示其在波羅的海的應用。情報人員對此表現出濃厚興趣,特別是關於愛沙尼亞海岸的數據,並要求提供詳細摘要。(133)(134)

他們的興趣延伸至北極與北海航線,特別是那些可加速中國貨櫃運往歐洲的航線。在此次香港會議期間,庫茲與奧利維亞與菲利普討論了包括塔林與穆加港在內的特定港口。維多利亞將她的聯絡方式提供給庫茲,並約定下次會議的安排。中方與會者對於北海航線的動態與海冰情況表現出特別興趣。穆措與庫茲同意在2018年底前整理與北極海相關的資料。兩人各自收到5,000歐元作為此次行程與娛樂費用的補貼。

2019年3月,穆措與庫茲前往泰國曼谷。他們與維多利亞會面並討論庫茲撰寫的北海航線摘要。維多利亞要求庫茲將資料複製至隨身碟,以便提供給海運運輸相關人員使用。穆措也將芬蘭—愛沙尼亞鐵路隧道計畫的最終版本轉交

給維多利亞。

2019 年 3 月 21 日，在餐廳會議中，庫茲將包含十份檔案的隨身碟交給了對方，其中包含關於北極海地區、俄羅斯北海航線與歐盟資助的 SAFEICE 研究計畫的資料。這些資料皆非限制級文件。維多利亞隨後安排了一場未包含穆措的會議。維多利亞最初參加了該會議，並介紹庫茲給三位男子，這些人聲稱來自海運機構。庫茲隨後展示他針對北極海、俄羅斯北極海地區與北海航線所撰寫的報告，重點在航行安全。會議中，一位說俄語的高級官員表明，他與其同伴是從事情報工作的軍事人員。他表達了中國對北極與北約機密的興趣，並交給庫茲 8,000 歐元，指出他們因區域緊張局勢升高而需要北極海地圖。

2019 年 3 月 22 日，情報局成員在一家飯店與庫茲單獨會面，對其進行海事情報的詢問。他們進一步指示他取得北極海的地形圖與北約的機密資料。在此階段，財務補償亦做了分配，穆措獲得 5,000 歐元，庫茲獲得 8,000 歐元。這筆經費激勵穆措進一步加強對愛沙尼亞網路安全、海事戰略與解放軍合作等領域的情報收集。(135)

在這次會面之後，庫茲對穆措表達了他的不安與憤怒，因為他意識到那些人其實是想獲取國家機密與機密資訊，而不是來自什麼智庫組織。穆措試圖安撫庫茲，解釋中國在海運貿易、物流與權力架構上的交錯關係，並鼓勵他為了金錢

利益繼續合作。

2019年6月,穆措在中國海南島與維多利亞會面,討論持續進行中的行動。維多利亞要求穆措介入她與庫茲之間的互動,因為庫茲的回覆一直令人不滿。維多利亞要求穆措向庫茲施壓,要他提供更多貢獻,並計畫於2019年7月進行後續會面。

2019年7月9日,維多利亞直接聯繫庫茲,提議一起去泰國或他自己選擇的地方度假。當庫茲因已有計畫而婉拒後,維多利亞改提議在10月至11月安排會面。維多利亞說明這次會議將包括關於北極海地圖的討論。庫茲回應他並沒有這份地圖,但可以試著在圖書館查找公開資訊。

2019年10月14日,維多利亞再次聯繫庫茲,討論11月的潛在會議。庫茲表示他會確認自己的行程,並注意到維多利亞似乎非常急迫。10月19日,維多利亞再次聯絡,想確認會議時間。庫茲說他的行程仍未確定,並對維多利亞在星期六聯繫他表示不悅。維多利亞表現出挫折,說:「我不知道你是太忙了不能回朋友的訊息,還是連一分鐘都不願意花?」庫茲沒有回覆。(136)

截至2019年10月30日,維多利亞向穆措說明了她最近與庫茲的互動,並形容他的態度難以理解。她尋求穆措的協助,希望能說服庫茲履行他的承諾。穆措保證願意幫忙,並指出庫茲偏好間接聯繫。她詢問庫茲對維多利亞的承諾內

容，以及是否需要做任何準備。維多利亞解釋，庫茲曾答應會嘗試尋找一份北極海的地圖，但如果這太困難，他們也可以專注於其他議題。穆措向維多利亞保證，她會處理此事，並建議不要直接與庫茲聯絡，因為那可能會妨礙她的努力。維多利亞稱讚穆措的效率，而穆措也同意會與庫茲談論關於地圖的事。她同時詢問了下一次會面的可能地點。

維多利亞建議他們下次可以在普吉島或澳門會面，並表示只要解決地圖的問題，對這次合作就已足夠。穆措向身邊人坦言，她覺得維多利亞只是想要獲取資訊，但她也指出對方已經支付過庫茲報酬。穆措表示，她對目前的情勢感到滿意，一切都在掌控之中。

2019年11月6日，穆措通知維多利亞，她正在著手獲取地圖，並提議於2020年安排會面。維多利亞對穆措的處理方式表示感謝與讚賞。之後，2020年1月13日，穆措更新了維多利亞有關庫茲的旅遊計畫，並提到庫茲打算在年底前敲定旅行安排。穆措安撫維多利亞，叫她不要擔心，表示她正準備一個有說服力的說詞。

2020年3月至4月間，穆措與維多利亞討論了新冠肺炎疫情，並表示一旦情況改善，雙方期待能再次見面。6月4日，穆措向一位熟人透露她的財務狀況，承認自己曾經有債務與其他問題。她提到，她從中國獲得的收入已成為財務的重要來源，強調持續前往中國對她而言非常重要。

2020年7月30日，穆措聯絡維多利亞，對方分享了她最近升職與工作負荷增加的消息。儘管面臨挑戰，維多利亞仍對與穆措的見面與合作保持樂觀，並表示她有一些值得討論的議題。穆措祝賀維多利亞升職，並回應表示也很期待合作。維多利亞指出，疫情是目前合作的主要障礙。

2020年8月26日，穆措安排於8月29日，在尼特維爾雅高爾夫俱樂部（Niitvälja Golf Centre）舉辦一場高爾夫活動，此活動由愛沙尼亞國防軍的A軍官發起。為了準備活動，穆措事先瀏覽了A軍官的照片資料庫，以便熟悉對方外貌。活動當天，2020年8月29日，穆措參與了高爾夫比賽，但並未與A軍官建立密切接觸。[137]

2020年9月9日，穆措因涉嫌從事危害國家安全的活動而被拘留。她被判處八年有期徒刑。庫茲也被定罪，但兩年後即獲釋。

情報手法分析

情報局所使用的經典情報技術包括：

- 利用與「一帶一路」相關的智庫——北京信息協會作為掩護機構，以建立身分地位並促進行動的推展。
- 在中國與東南亞地區的飯店舉行行動會議，運用當地發達

的觀光與接待設施基礎。
- 中國民間與軍方情報機構定期於東南亞地區進行活動，尤其是在旅遊景點等較不易引人注目的地點，因為該地區具有戰略價值且隱蔽性高。
- 情報需求中明確顯示對北極地區的關注，這可能暗示對該戰略重地進行軍事行動的潛在計畫。
- 情報局的首要目標是取得北約（NATO）的機密資訊，並藉由像庫茲這樣的線民或滲透人員達成目的。
- 透過隨身碟等實體方式或專家面對面簡報的方式來接收敏感資訊，強調直接且個人化的情報傳遞方式。
- 採用簡易情報技術手法，例如共用商業電子郵件帳號進行資料傳輸。
- 使用簡訊進行聯絡。

趙文衡（美國海軍下士，2012–2023）

趙文衡（Wenheng Zhao）在被判犯下收受賄賂，以換取向中華人民共和國情報官員提供敏感美國軍事情報的罪行時，年僅 26 歲。趙文衡的駐地位於聖地牙哥。目前尚不清楚趙文衡是否是在網路上被接觸，但很可能是如此。從 2021 年 8 月開始，一直到至少 2023 年 5 月，趙持續存取並出售極其敏感的資訊給一名中國情報官員，代價總計約

14,866美元。該名中共情報官員在線上假冒為一位海事經濟研究人員。起訴書未指出有其他共犯涉及此案。這些資訊皆未達祕密（Confidential）、機密（Secret）或絕對機密（Top Secret）等級。

趙持有機密級別（SECRET）的安全許可證，洩漏了印太地區一場大規模美軍演習的非公開與受控作戰計畫。這些文件詳細列出了海軍部隊的行動地點與時程、兩棲登陸行動、海上作戰與後勤支援。

趙經常帶著手機，進入軍事設施的保密區域，並拍攝電腦螢幕上的文件。他也拍攝了駐沖繩美軍基地雷達系統的電路圖與藍圖。

趙使用了多個加密通訊應用程式與情報官聯繫，他認為這些方式更安全，其中之一是Telegram。他也使用「動態加密」IP位址傳送非公開敏感資訊。當趙懷疑自己遭到調查時[26]，他便刪除了Telegram以及其他與中共情報單位有關的聯繫記錄。情報官也曾要求趙刪除他曾傳送的一個連結。[27] 該連結很可能是為了實現情報官與趙之間祕密通訊而設置的網站。他向中華人民共和國情報處表達了他的顧慮，而中華人民共和國情報處提出要買一支新手機給他。

該情報官透過線上轉帳以人民幣與美元支付趙酬勞。趙

---

26 例如他察覺FBI曾祕密搜尋過他的手機。
27 這個連結很可能是一個為了確保幹員與趙之間祕密通訊而設立的網站。

傳遞給中共的資訊包括：

- 有關美國海軍部隊移動的具體計畫與時程細節。
- 關於兩棲登陸、分布式海上作戰及後勤支援的資訊：
  + 2021 年「太平洋海軍建設力量」（Pacific NCF）大型演習所提供的支援，作戰構想。
  + 演習的作戰命令。
- 關於部署於日本沖繩的 GATOR 地面任務導向雷達系統（Ground Air Task-Oriented Radar Systems）之電力系統藍圖。
- 關於美國海軍作戰安全（OPSEC）程序的文件。

情報手法分析

- 中共情報官以一個海事智庫作為掩護身分接觸趙。
- 情報官對趙進行情報目標、標準與作業安全程序的指導。
- 情報官與趙使用 Telegram 與其他加密訊息應用程式。(138)
- 趙使用「動態加密」IP 位址來傳輸敏感資訊。[28]
- 趙將個人手機帶入軍事設施與保密區域。

---

28 「動態加密」IP 是指使用不斷變更的金鑰進行加密的 IP 位址，加密方式持續更新，使其更難被追蹤或監控。通常結合動態 IP 使用，即位址本身亦會定期更換。

- 趙使用手機拍攝電腦螢幕。
- 趙用手機錄製海軍設備影片。
- 多次刪除與銷毀他與情報官之間的聯繫紀錄與所傳送的敏感資訊。
- 情報官曾表示願意付錢給趙購買新手機。
- 趙刪除了與情報官聯繫所使用的應用程式。
- 當趙懷疑手機被存取後，便通知了其情報官聯繫人。(139)

　　中國情報機構也在歐洲積極活動。自 2020 年至今，中國情報單位已在歐洲招募了多位間諜，包括下列案例：

- 一名俄羅斯教授與政府顧問。
- 一名德國外交官。
- 一名德國學者。
- 一名愛沙尼亞律師兼北約學術顧問。
- 一名駐布魯塞爾的中國籍教授。
- 一名前歐洲議會成員
- 一名在英國國會任職的英國研究人員。
- 三名英國前警務人員與安全官員。
- 一名挪威工黨官員。
- 一名波蘭網路情報官員。

何國春和王征（2019–2022）

FBI指認何國春（別名「何董」、「Jacky He」）與王征（別名「Zen Wang」）為中國情報人員。他們涉嫌企圖妨礙對一家中國支持的公司華為的調查，方法是竊取機密案件資訊。他們試圖賄賂一名實際上為FBI工作的受控特務。何國春亦曾就總計約61,000美元的賄款從事洗錢行為，該款項以比特幣形式支付。(140)

2019年，兩名被告（皆為中國情報人員）指示該名受控線民竊取有關對華為刑事案件的資訊。2021年9月，王征與何國春指派該人回報與紐約東區聯邦檢察官辦公室的任何會議內容，尤其關注檢方曾訪談過的華為員工、檢方證據的描述、證人名單，以及審判策略。

2021年10月，FBI線民向兩名被告發送了關於該案件的內部策略備忘錄，並從何國春處收到價值約41,000美元的比特幣。何國春表示，公司對於該策略備忘錄的更多資訊「很感興趣」。他也拒絕讓華為與該線民直接聯繫，認為此舉「太危險」。2022年10月，何國春再次向FBI控制的線民支付價值約20,000美元的比特幣，並表示其「組織已經決定給予你一份豐厚的獎勵」。

兩名被告目前仍在中國，遭FBI通緝。若罪名成立，何國春可能面臨最高60年徒刑，王征則可能面臨最高40年

徒刑。

情報手法分析

- 使用公共電話進行通訊。
- 使用文字簡訊進行通訊（細節不詳）。
- 向 FBI 控制的線民以比特幣匯款。
- 情報人員與線民曾有面對面會議。
- 曾以現金與珠寶支付 9,000 美元。
- 線民曾使用加密訊息應用程式傳送照片（不明是否為中國國安部指示）。
- 何國春最初告訴該線民，這些資訊是為了他「個人的學習」。隨後，何與王則表示他們正與華為高層官員會面，這些官員對該資訊極感興趣。

　　本案最具指標性之處，在於中國情報人員以其正式身分協助中國公司，意圖破壞美國對華為的刑事調查。此行為證明，中國的情報機構會為了提升中國的商業利益而違反他國法律。沒有證據顯示中國國安人員曾成功驗證該名受控線民或其提供資訊的真實性。(141)

經濟間諜

徐炎鈞

中國經濟間諜活動中最具代表性的案件之一就是國安部官員徐炎鈞的案件。雖然此案與傳統的國家安全資訊無直接關係，但 FBI 調查期間揭露的情報技術手法，為了解中國國安部的祕密收集行動提供了洞見。(142)

2018 年，FBI 利用一名雙重間諜將國安部幹員徐炎鈞（又名瞿暉、張暉）引誘至比利時，並將其逮捕，後來引渡至美國。他於 2021 年 11 月被美國法院裁定罪名成立，罪名為試圖竊取奇異航空（GE Aviation）的複合式飛機引擎風扇航太技術。

徐炎鈞任職於國安部江蘇省國安廳第六局，擔任副處長。他描述第六局的任務是收集科學與技術情報，特別聚焦於航太科技。根據 FBI 的刑事訴狀，徐炎鈞以「江蘇科技促進會」的名義作為掩護單位，並與南京航空航天大學密切合作。

2017 年，為支持國安部任務，南京航空航天大學的程峰博士透過 LinkedIn 接觸美國奇異公司的鄭博士（任職於俄亥俄州）。程峰邀請鄭博士前往該校演講。他在電郵中這樣寫道：

您好,打擾了。我是南京航空航天大學國際合作與交流辦公室負責人程峰。我主要負責與海外校友、友好大學及知名機構和企業家的交流工作,推動我校的國際合作,促進我校的科研發展。我從您的線上履歷得知,您在奇異航空等知名公司擁有豐富的工程經驗。近年來,南京航空航天大學快速發展,與海外高層次人才的交流也越來越頻繁,這有效提升了我校的科研水平。許多像您這樣的優秀人才願意來我校與師生分享成功經驗。藉此機會,我誠摯邀請您來我校訪問交流。交流形式不限,細節可後續協議。我校可支付您回國交流的費用。如您有意,請隨時聯繫我……(143)

在後續的電郵與微信交流中,雙方討論了行程安排、簡報內容與專家級討論的形式與範疇。中國方面的情報需求明確指出為「複合材料在飛機引擎中的應用、設計與製造技術」,這是中國發展商用飛機引擎的關鍵情報目標。其他的需求還包括:

第一、複合材料在飛機引擎中的最新應用進展;二、引擎複合結構材料的設計分析技術與製造技術的發展。

鄭博士回覆表示,他受限於與奇異簽訂的合約,只能進

行一般性的討論，無法提供具體細節。(144)

在通信過程與微信的訊息中，程峰博士介紹了兩位南京航空航天大學的教授加入討論，也介紹了徐炎鈞，此人化名「瞿暉」，自稱來自「江蘇科技促進會」（JAST）。(145) 瞿暉被介紹為資助此行的人員。在他於 2018 年被逮捕前，「瞿暉」這個名字還曾出現在 JAST 的官網上。

鄭博士原本就計畫在 5 月底回中國探親。2017 年 3 月，也就是出發兩個月前，他將 41,000 份奇異公司檔案下載到外接硬碟，並於 5 月 25 日旅行當天將其中五份檔案轉存至筆電。奇異認定這些檔案為商業機密。

2017 年 6 月 2 日，鄭博士於南京進行簡報，但未告知雇主。他後來聲稱這些資料僅用來確認簡報內容，並未展示給中國方面看。在中國停留期間，徐與鄭建立私人關係並持續聯絡。

鄭博士返美後，海關發現他攜帶 16,100 美元現金。奇異公司資安部門發現他筆電中有資料，通知 FBI。FBI 搜查其住家後，鄭聲稱南京航空航天大學只給他 3,500 美元。奇異表示該資料屬於國際軍火貿易條例（ITAR）範疇的機密。FBI 對其提出搜查令時，鄭博士聘請律師並同意配合調查以免遭起訴。

在接下來一年中，徐炎鈞繼續與已成為 FBI 控制下線民的鄭博士聯絡。2018 年春，徐以「南京羅特科技資訊中

心」名義赴巴黎航展執行情報任務。(146) 鄭將他引誘至比利時布魯塞爾,謊稱將交付奇異機密資料的硬碟。徐炎鈞一抵達即被逮捕,同行的另一位國安部官員許恆(Xu Heng)因無引渡令而被釋放。徐則被引渡至美國。

徐透過公開電郵與微信協調情報收集細節與目標。他與以下人員與單位協調任務:

• 國安部官員:
  ✦ 施局長。
  ✦ 陳立處長。
  ✦ 查榮處長。
  ✦ 柴明。
  ✦ 李秀珍。
• 中國航空工業集團(國有企業):
  ✦ 603 所的陶小江。

本案另一個有趣的面向是徐炎鈞與南京航空航天大學的關係。由程峰博士率先聯繫鄭博士,但徐也與該校材料力學系的張健教授有關係。徐炎鈞希望能進入南京航空航天大學攻讀研究所學位。張教授同意協助徐完成此一程序。雙方的電子郵件往來顯示,張教授曾提供徐入學考試的答案,並指導他如何作答。兩人的郵件中也提及,如果被中共紀檢

委發現此事,他們可能會因此丟掉工作。張教授也同意透過掩護機構向學生宣傳國安部的職位。

徐炎鈞還指揮數名簽約的網路駭客。徐炎鈞所屬的第六局另招募了兩名在中國江蘇地區為法國航太公司賽峰集團(Safran)工作的線民——顧根與田曦。賽峰與美國奇異公司及一家中國公司合作,在蘇州生產 LEAP 引擎及其零組件。顧根是賽峰中國辦公室的資訊安全人員,他阻撓了該公司對國安部駭客活動的調查。在徐炎鈞的指揮下,國安部在賽峰員工費德瑞克・哈斯科埃(Frederic Hascoet)的筆電中植入了病毒。當時哈斯科埃正在中國訪問,擔任該公司一項專案的經理。

田曦在賽峰位於蘇州的工廠工作,是該廠的高階經理之一。2014 年哈斯科埃訪中期間,田曦與其密切合作。哈斯科埃此次行程的目的是監督賽峰與中國合作公司之間組裝噴射引擎零件的合資計畫。哈斯科埃的筆電就是在此行中遭國安部植入惡意程式的。田曦是徐炎鈞招募的線民,並協助完成筆電植入病毒。(147)

這個植入的病毒在哈斯科埃的筆電中引發一些異常狀況。他返回法國後,賽峰的 IT 部門發現病毒,並展開調查。該次調查是巴黎檢察官辦公室受理的第一起此類大規模案件。(148) 該植入的病毒最終擴散至賽峰內部網路,並取得了公司的商業機密。(149)

圖 17：徐炎鈞案關係圖

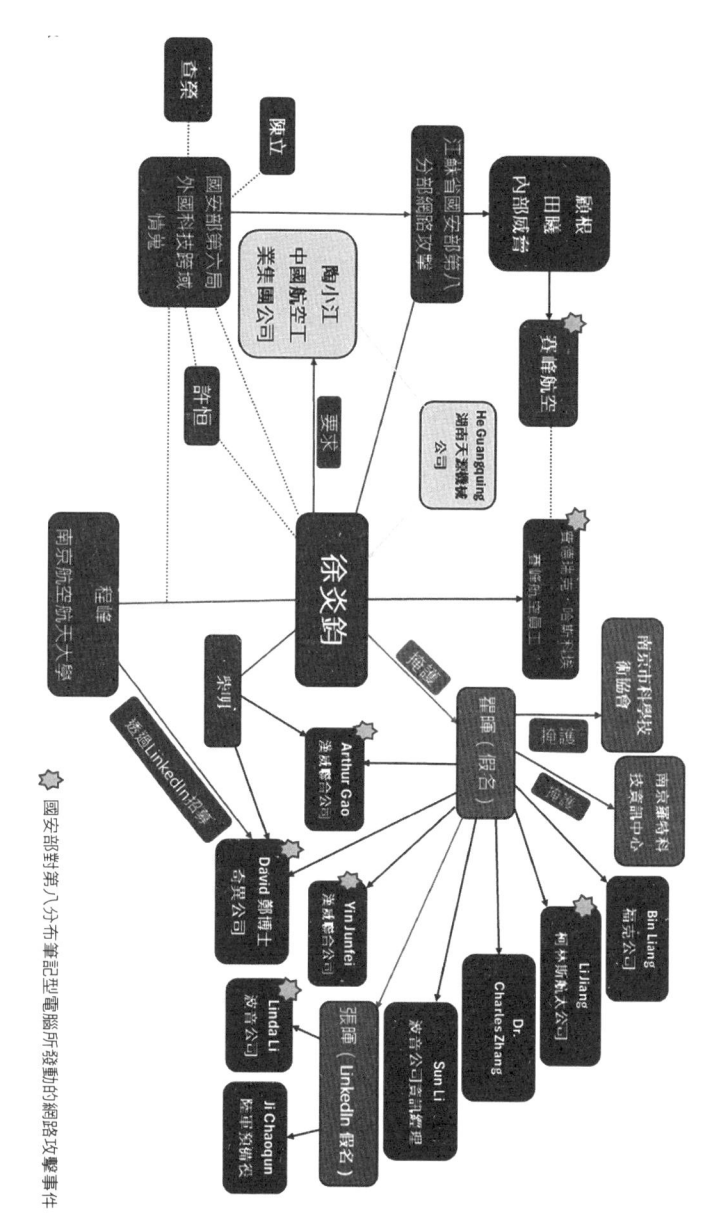

中國間諜案件分析　135

情報手法分析

徐炎鈞案揭示了更多有關中國國安部的情報手法：[150]

- 國安部第六局的幹員在「國家安全局」（即省級層級的機構）工作。
- 此次行動結合了「網路」與「人力情報」蒐集，顯示出極具創新與適應性的情報技術運用。相較之下，多數其他國家是由不同機構分別負責人力情報與網路情報蒐集。
- 徐炎鈞的人力情報與網路情報行動皆以外國科技為目標，顯示國安部第六局負責針對外國科技的跨領域情報蒐集。有些資料對此說法有所出入，主張第十三局才是負責科技情報蒐集的單位。[151] 然而，本案證實更有可能、且公開紀錄中所指出的情況是：第十三局專精於網路安全事務。
- 國安部在各省的國安局針對外國科技與個人進行人力情報蒐集行動，且在國內外皆有行動紀錄。但同時，也有多個省級國安部門被發現參與網路情報蒐集行動。這些事實所蘊含的意義如下：
  + 國安部在省級層級整合了「網路」與「人力情報」的情報蒐集行動。
  + 國安部將網路情報蒐集職能分散至多個省級與市級的「國安廳」或「國安局」。[152]

✦ 推測國安部總部層級仍有某種程度的中央協調存在。然而，鑑於各地在目標選擇上的高度重複，中央對於網路情報的協調作用似乎十分薄弱。省級的國安局可能彼此競爭，以達成全國層級的情報需求。

鄭曉青（奇異公司，2016–2019）

2019 年，FBI 在紐約起訴鄭曉青與張兆希（中國遼寧省），罪名為經濟間諜與共謀竊取奇異公司渦輪機技術的商業機密。[153] 鄭曉青於 2021 年被定罪，而張兆希目前仍在中國，是名逃犯。

從 2017 年 11 月到 12 月奇異能源部門的安全人員發現鄭曉青的工作電腦中，大量檔案被使用一款名為 AxCrypt 的商業加密軟體進行加密。隨後，奇異公司安裝了監控軟體，以判定他到底在加密哪些資訊，以及他打算如何使用這些資訊。

鄭曉青使用 AxCrypt 加密奇異的技術檔案，並透過一種稱為「隱寫術」（steganography）的技術，將這些加密資料嵌入到一張數位照片中。這些技術檔案包括奇異燃氣與蒸汽渦輪設備相關的專有數據，例如設計模型、工程圖、配置文件與材料規格。鄭接著將嵌有資料的一張夕陽照片（表面看似無害）進行傳輸。

整個 2016 年期間，鄭與他的合作夥伴張照曦持續透過加密簡訊、電子郵件與語音檔案進行交流。他們討論公司的結構以及製造奇異零件複製品的計畫。張照曦向鄭詳細說明他與中國國企以及共產黨省級官員會談的內容，這些人都知曉此次竊取奇異資料的行動。(155)

　　鄭將許多竊取自奇異的檔案透過電子郵件寄送給他在中國的商業夥伴與親戚張照曦。兩人利用這些奇異的商業機密，發展出他們成立的兩間中國公司：遼寧天一航空科技有限公司與南京天一航空科技有限公司。

　　鄭曉青的案件與蘇斌的案件類似。和蘇斌一樣，鄭也前往中國推進其行動並與航空國營企業密切合作。但與蘇斌不同的是，鄭採取了作業安全措施，包括使用隱寫術與加密的文字與語音訊息。

　　鄭曾前往中國，基於他所竊取的技術建立商業夥伴關係。他曾與省級中共官員及數位黨政與企業領導人廣泛會晤，其中包括中國航空發動機集團公司與中國航空發動機研究院。此外，他也會見了西北工業大學，(156) 與瀋陽發動機設計研究所（即「606 所」）的官員。(157)

　　這兩起案件揭示了中國「舉國體制」從事間諜活動的作法。這種創業式的模式利用金錢獎勵與為國家發展貢獻的理念作為動力。中國共產黨與政府規畫、鼓勵並支持這些行動。

在其他案例中，國營企業的涉入更為直接，包括情報任務指派與祕密情報收集。(158) 不同程度的國企參與以及對個人創業者的利用來進行科技蒐集，證實了中國實施「舉國體制」進行間諜活動的策略。中國的情報收集體系與能力涵蓋政府機關、組織、商業企業、個體創業者、旅居海外的中國人，乃至外籍研究人員。

儘管中共未必直接控制所有祕密情報收集活動，但它明確地指派了數百個組織，並鼓勵數千個單位參與間諜行動，以支援中國的經濟發展與國家安全需求。

多夫・高爾茲坦與楊藍（丹麥，2018–2019）

2019 年 3 月，多夫・高爾茲坦（Dov Goldstein）成為一起極受矚目的情報外洩調查的主要嫌疑人。高爾茲坦是丹麥領先電信公司（TDC）的工程師，被懷疑將機密合約投標資訊提供給華為在地代表楊藍。而 TDC 為丹麥政府處理機密通訊業務。

當一筆價值 2.92 億美元的合約投標資訊疑似外洩後，TDC 啟動了內部調查。這筆合約的競標者為華為與瑞典的愛立信（Ericsson），雙方已私下提交最終報價，用以爭取領導 TDC 的 5G 網路轉型專案。然而，華為在最後一刻提

交的修訂標單引發了 TDC 高層的警覺，最終導致高爾茲坦涉案的曝光。

2019 年 3 月 4 日凌晨 2 點 52 分，華為意外地提交了一份緊急修訂標單，報價遠低於其先前的報價，並以極小的差距擊敗愛立信。TDC 高層懷疑投標資訊遭到洩漏，進而展開內部調查。一開始，調查人員認為可能是外部網路入侵所致。然而未發現駭客入侵的證據後，調查焦點轉向內部人員的威脅。只有六位 TDC 高層能接觸到這些機密標單。內部調查發現以下事實：

- 監視錄影將高爾茲坦鎖定為主要嫌疑人，調查隨後進行了其筆電與電話紀錄的鑑識分析。
- 有人曾在 TDC 董事會會議室內安裝多支長距離麥克風。調查人員無法確定是誰安裝的，也不知其目的。
- 高爾茲坦與華為丹麥區總經理楊藍之間保持頻繁且深入的聯繫。

電話紀錄顯示，在 2018 年 10 月華為提交 5G 標單的隔天，高爾茲坦與楊藍曾在安格爾酒店（Hotel d'Angleterre）共進長達四個半小時的晚餐。2019 年 2 月 26 日，TDC 的 5G 委員會初步決定將合約授予愛立信。隔日，高爾茲坦多

次致電楊藍，安排於 3 月 4 日會面。在這場會議數小時後，華為便提交了緊急修訂的標單。

對高爾茲坦筆電的鑑識分析顯示，在與楊藍會面當天早上，他開啟了包含愛立信最終報價與五份簡報資料夾的文件，這些簡報是為 TDC 董事會與 5G 委員會準備的。此外，TDC 安全部門的監視錄影拍下高爾茲坦手持筆電離開辦公室。

TDC 的調查人員報告指稱，他們在街頭及一家餐廳遭到監視，當時數位調查團隊成員正在餐廳會面。TDC 安全部門隨後將調查移轉至其合作律師事務所 Plesner。在該事務所的 15 樓辦公室外，保全人員報告發現有一架無人機在盤旋。

TDC 最終認定高爾茲坦是此次資訊外洩的責任人，但未對其提出任何刑事指控。高爾茲坦於 2019 年 6 月辭去公司的職務。

丹麥最後接受了愛立信的提案。此後，丹麥政府收到中國駐丹麥大使館的來信，威脅若不選擇華為，將對中丹關係產生負面影響。楊藍隨後永久離開丹麥，返回華為位於深圳的總部。

情報手法分析

- 高爾茲坦與楊藍之間使用公開的電子郵件與電話進行聯絡。
- 未發現有任何作業安全措施的跡象。
- 楊藍花費六年時間以朋友身分培養高爾茲坦的關係,期間常常招待他吃高檔餐廳。
- 未發現有金錢支付給高爾茲坦的跡象。
- 有跡象顯示進行了人員與技術監控。
- 多年來,楊藍為了培養與 TDC 幾位朋友的關係,揮霍大量金錢。
- 楊藍的行為讓 TDC 資深執行副總阿洛斯(Jens Aalose)起疑,懷疑華為可能已經掌握了愛立信標案的內部情報。

中共的祕密影響力與跨國壓迫

近年來,中國的祕密影響力活動引起全球關注。中國在台灣、紐西蘭與澳洲的祕密影響行動促使這些國家展開調查,並通過法案以防止中國的顛覆行為。[159][160] 美國也開始調查中國的某些機構與個人是否符合《外國代理人登記法》(FARA)。川普政府限制中國通訊平台在美國的擴張,主張這些平台被用來收集個資。美國與加拿大的部分大學也抵

制北京暗中施壓、阻止對中共行為的負面討論。普林斯頓、哈佛與其他大學已採取措施，防止北京監視在美中國學生。然而，政策層面仍存在許多問題，美國大學普遍抗拒公開他們與中國政府及企業之間的財務關係。2020年8月，川普政府禁止解放軍軍官赴美就讀。此外，國會正在審議數項針對中共間諜行為與祕密影響力的法案，但多數尚在審議中。

要評估中國在美國與外國政治體系中祕密全球影響力活動的實際效果相當困難。中國試圖祕密資助外國政治人物、大學、企業與政策倡議的行動，可能已有成功案例。近期已有針對政治人物的祕密影響案例在美國、加拿大、英國與比利時被揭露。然而，這類行動一旦曝光，常導致國與國關係惡化與輿論反彈。由於美國法令禁止任何人在未申報的情況下代表外國政府行事，中國在美國的祕密影響行動成功機率較低。此外，美國本地的遊說團體、公民、非政府組織、媒體與選民意見的競爭也極為激烈。(161) 很難確定中國的祕密影響行動是否真正達成了削弱西方意志與分化盟友的目標。

中國在COVID-19疫情期間的行動與言論未能改善其國際形象。儘管北京展開全球宣傳攻勢，皮尤研究中心的民調顯示，美國民眾對中國的好感度大幅下降。歐盟對中國的觀感也轉趨負面。在美國，過去十年對中國抱持正面看法的比例從五成多下降至2020年的26%，到2024年降至19%。(162)

世界各地的情報機關除了從事間諜活動，也經常執行祕密行動。祕密行動的定義是：代表外國政府所執行、但不公開的活動。這些活動的結果通常是明顯的，但背後政府的角色則被隱藏。這類行動與間諜活動不同，間諜活動的本質是祕密進行，而且不應讓外界知道是哪一個政府或人員在操作。

中國在全球範圍內實施祕密行動與影響力操作。這些行動形式多樣，北京嘗試操控的領域也十分廣泛。祕密行動由多個中國政府部門執行，包括公安部、國安部、解放軍，以及中共中央統一戰線工作部。

中國的壓迫行動也已呈現跨國化，針對所有中共視為潛在威脅的個人或組織展開行動。中國在全球收集情報與執行祕密影響的目標類型包括：

- 國外的州、市或地方政府
- 外國的中央政府與政治領導階層
- 海外華人社群

接下來的幾個間諜案例，將具體說明中國情報單位與中共機構針對上述目標類別所執行的祕密行動。

針對外國州、市或地方政府的行動

孫雯

孫雯（Linda Sun）於 2024 年 9 月因代表中國從事祕密影響活動而被逮捕。孫雯為中國出生的美國歸化公民，居住在紐約東區。從 2012 年到 2023 年，她曾擔任多項職務，這些職位為她的祕密行動提供了理想的立足點與接觸管道，包括：

- 紐約州州長安德魯・古莫（Andrew Cuomo）的亞裔事務主任與皇后區地區代表。
- 紐約州經濟發展機構 Empire State Development 轄下的「全球紐約」對外事務主管。
- 紐約州長辦公室的副首席多元官。
- 紐約州金融服務局的跨政府事務主管與首席多元官。
- 紐約州州長行政機關副參謀長。
- 紐約州州長凱西・霍楚（Kathy Hochul）的顧問。
- 紐約州勞工局戰略商業發展專員。

據稱，她接受中國駐紐約總領事黃屏與領事館政治組多位資深外交官的指揮。她與他們透過電子郵件、電話與面

對面聯繫，操控紐約州對中國的政策，包括支持中國政策、淡化人權問題、強化中美經濟互動、將台灣排除在政治接觸之外。多年來，據稱她曾執行以下具體行動：

- 阻止台灣官員與紐約州州長辦公室（古莫與霍楚）接觸。
- 多次修改紐約州官方對中國人權問題的政策語言。
- 多次指示下屬不要回應有關紐約州對中國政策的詢問。
- 與中國官員協調，安排州長霍楚訪中（未經州長本人批准）。
- 允許中共官員祕密旁聽紐約州政府的官方通話。
- 冒用州長霍楚的簽名，在未經授權的情況下，發出兩封邀請函，替河南省貿易代表團辦理簽證。據稱，這些行動是由「美東河南同鄉會」會長張富銀協助安排。河南省級官員指示張富銀取得這些邀請信函。

作為報酬，河南的政府官員據稱為孫雯的丈夫胡驍（Chris Hu）提供了有利可圖的商業機會。胡氏透過出口中國及疫情期間醫療物資的物流合約獲得數百萬美元收入。

情報手法分析

- 孫雯透過商業電子郵件、電話、微信（加密）文字訊息，

◆ 圖18：孫雯案關係圖

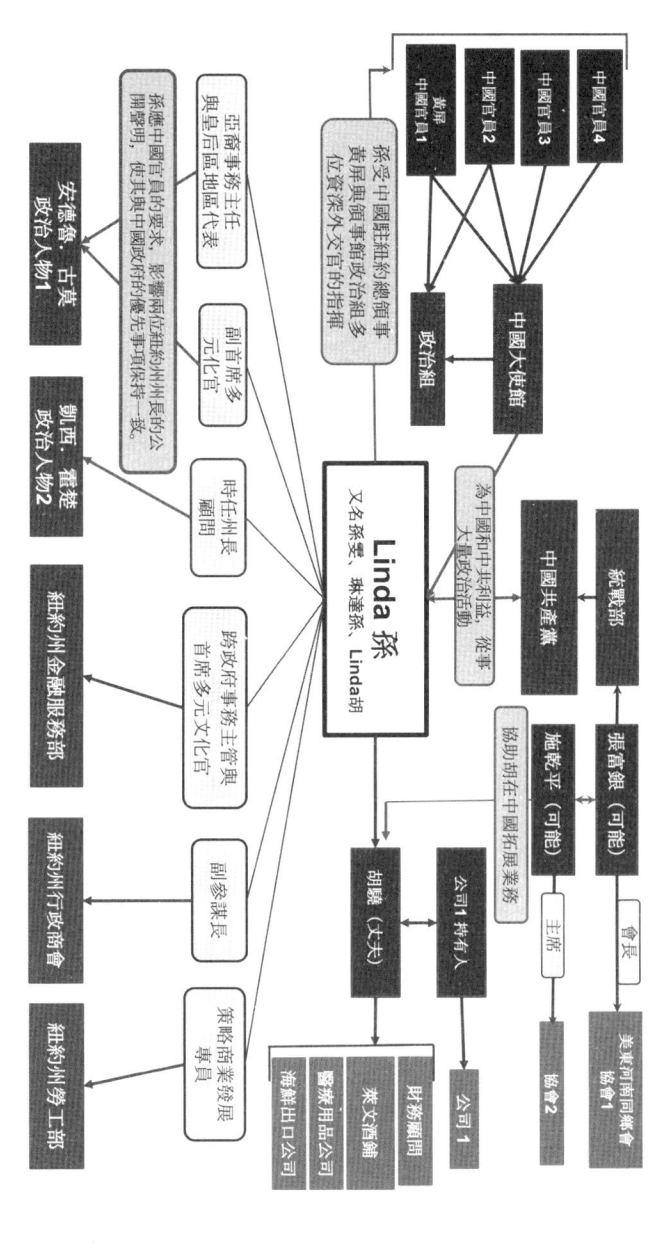

中國官員1
中國官員2
中國官員3
中國官員4

孫雯接受中國駐紐約總領事館與領事館政治組多位海外官員的指揮

政治組

中國大使館

為中國和中共利益從事大量政治活動

中國共產黨

統戰部

張富銀（可能）
會長
美東兩湖同鄉會
協會1
主席
公司2
施乾平（可能）
協助胡在中國拓展業務

Linda 孫
又名孫雯，琳達孫，Linda 胡

胡棣（丈夫）
公司1持有人
財務顧問
萊文酒鋪
醫療用品公司
海鮮出口公司

策略商業發展專員

副參謀長

跨政府事務主管與首席多元文化官

紐約州勞工部

紐約州行政商會

紐約州金融服務部

時任州長顧問

副首席多元化官

亞裔事務主任與皇后區地區代表

孫應中國官員的要求，影響兩位紐約州長的公開聲明，使其與中國政府的優先事項保持一致。

安德魯·古莫
政治人物1

凱西·霍楚
政治人物2

■ Copyright Shinobi Enterprises, LLC

中國間諜案件分析　147

以及面對面的會議進行聯繫。
- 孫雯的丈夫獲得了與中華人民共和國簽訂的優先商業合約。
- 據稱，孫雯與中國外交官以及在美國境內支持中共統戰部的非政府組織協調她的行動。
- 孫雯利用她在紐約州政府中的職務與可接觸資源，操控與中華人民共和國的政治與經濟關係。
- 據稱，孫雯與胡驍將所得款項透過一名親屬的銀行帳戶進行洗錢，而該名親屬並不知情。

方芳

方芳（又名 Christine Fang）於 2009 年以學生身分進入美國加州州立大學東灣分校。2012 年，她因為服務中國學生會而獲得該校的拓荒者獎（Pioneer Award）。[163]

她曾擔任中國學生會主席與亞太裔美國公共事務協會（Asian Pacific Islander American Public Affairs）校園分會的主席。[164] 透過這些組織，她建立了與當地政治人物的聯繫。在情報工作的術語中，這種行動稱為使用「掩護組織」（cover organization）。這能讓情報人員建立「身分掩護」（Cover for Status）與「行動掩護」（Cover for Action）。[165]

方芳曾為數位地方與州層級的政治人物籌款並擔任志工，其中包括後來當選國會議員的艾瑞克・斯沃威爾（Eric

Swalwell）與圖爾西・蓋伯德（Tulsi Gabbard）。2024 年，蓋伯德被提名為美國國家情報總監候選人。兩人也曾參選總統（見圖 19）。

方芳似乎與斯沃威爾有密切關係。她安排一名實習生進入其辦公室。根據媒體援引不具名當地政治圈人士與情報官員的報導，兩人曾有過親密關係。FBI 報告指出，方芳與至少兩位美國西南地區的市長有過戀愛關係。媒體訪談指出，她曾與十名以上的政治人物保持親密關係。(166) 許多認識斯沃威爾的人士表示，在多場社交活動中，他與方芳一同抵達並離開。(167) 斯沃威爾則否認這些說法。

聯邦調查局在方芳與一名中國駐舊金山領事館、已知的國安部官員會面時識別出她的身分。推測 FBI 當時已對該名國安部官員進行監控。方芳因此被列入監視名單，進而揭露其身分與活動。根據情報，她與兩名美國中西部市長發生性關係，其中一人位於俄亥俄州。這代表 FBI 長時間投入大量資源，對她進行全國性監控。然而，後續對超過二十名曾與方芳互動者的訪談顯示，她與十至二十人有交往紀錄。(168) 2015 年，FBI 對斯沃威爾議員進行了一次防禦性反情報簡報，內容涉及方芳。斯沃威爾隨即與她斷絕往來，而方芳亦立即出境。

在方芳被指控從事情報活動期間，這些政治人物皆未接觸機密資訊。因此，方芳的活動揭示中國國安部祕密影響行

圖 19：方芳案關係圖

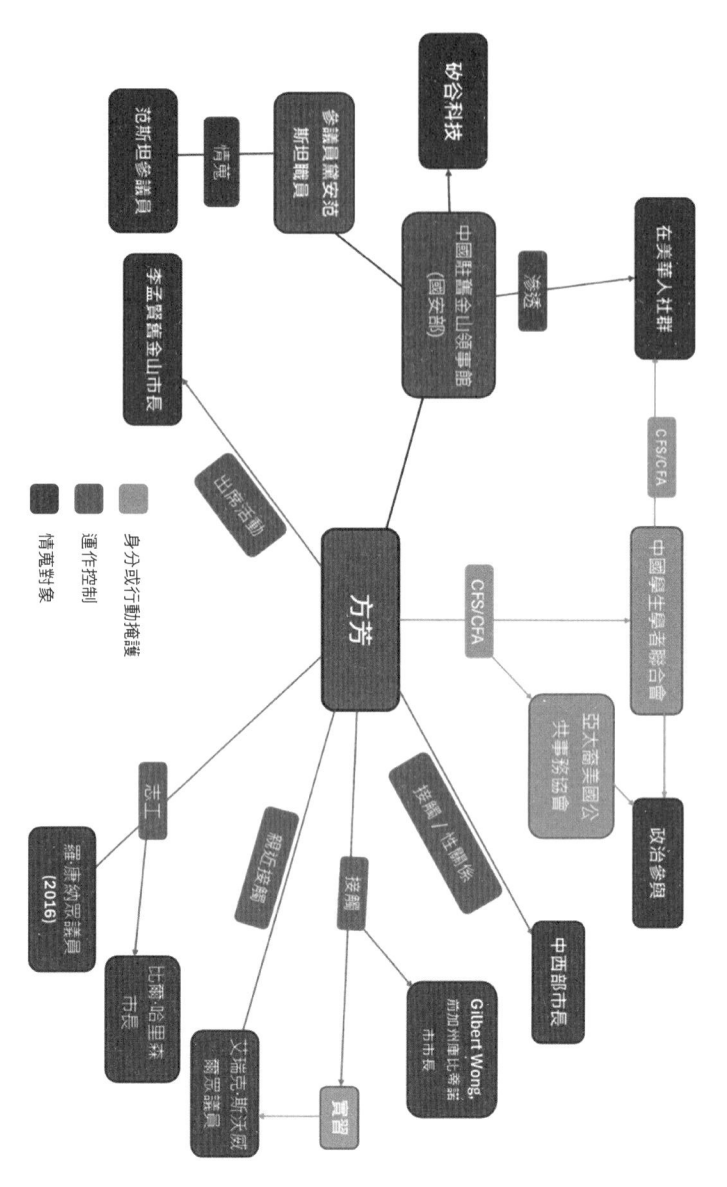

- 矽谷科技
- 中國駐舊金山領事館（國安部）
- 參議員黨職員斯坦柏
- 范斯坦參議員
- 情資
- 李孟賢舊金山市民
- 在美華人社群
- CFS/CFA
- 中國留學生學者聯合會
- CFS/CFA
- 亞太裔美國公共事務協會
- 政治參與
- 方芳
- 出席活動
- 志工
- 親近接觸
- 接觸／性關係
- 提供
- 中西部市長
- Gilbert Wong, 前加州庫比蒂諾市市長
- 艾諾克斯州眾議員
- 比奈哈里森市長
- 實習
- 經費政客議員 (2016)

圖例：
- 身分或行動掩護
- 運作控制
- 情蒐對象

150　中共間諜戰術全解析

動的六項關鍵特徵：

- 國安部有意針對地方政治人物，滲透並影響美國在州與市層級的政治系統。
- 國安部利用中國學生組織與海外華人社群接觸政治人物。
- 國安部投入資源鎖定那些長期看好能晉升全國層級的政治人物。
- 情報官員在目標國親自負責影響線民的操作。
- 無論是國安部官員還是方芳，皆展現出拙劣的情報手法，使 FBI 成功識別並展開調查。
- 此類針對地方政治人物的行動，反映出中國情報系統投入重大資源，在全美各地主動滲透地方層級政治人物。(169)

除了上述揭示之外，此案也凸顯出國安部在實地行動中的其他情報手法特點：

- 國安部人員未能在執行行動期間發現 FBI 的監控。監控識別能力是每位行動官的核心技術。這次失誤導致線民（方芳）曝光，進而危及其安全，造成任務失敗。
- 這是多起類似案例之一，顯示國安部官員在實地行動中技術薄弱。
- 即便在多年行動後，方芳亦未察覺 FBI 對其的監控。這樣

的情報技術失誤顯示她缺乏訓練，或未能執行應有的防範。起碼在與情報官員會面時，她應能察覺敵對監控的存在。

目前無法確定國安部究竟投入多少時間與資源影響外國政治人物。中國政府與中共其他單位也積極參與此類活動。這種祕密包圍對手領導階層的戰術，來自戰國時期的戰略思想，並且被中國解放軍高階軍官與中共積極研究與實踐。(170)

中央層級的政府機構

李貞駒

2022年初，英國安全情報機構軍情五處（MI5）採取了幾乎前所未有的舉措，公開點名李貞駒（Christine Lee）涉入祕密影響國會的行動。MI5向國會議員發布了一項「干預警示」（interference alert）。警示中指出：「李貞駒在與中國共產黨統一戰線工作部合作下，祕密從事政治干預活動」（見圖20）。

警告通知的內容如下：

  本報告的目的是通知您：Christine Lee正在與中國共產黨統一戰線工作部合作。

我們判斷該部門正試圖透過與英國政治光譜中既有與有志參政的議員建立聯繫，祕密干預英國政治。統一戰線工作部的目標是與具影響力人士培養關係，以確保英國的政治局勢有利於中共的議程，並壓制那些對中共行動（如人權議題）提出質疑的人……李貞駒曾協助安排政治獻金與財務文件，對象涵蓋政黨、現任與準備參選的國會議員、以及尋求政治職位的個人。她曾公開表示，她的活動代表的是英國華人社群並促進多元化，但上述行為實際上是與中共統戰部祕密協調進行，並由位於中國與香港的外國人士提供資金。

✚ 圖 20：英國軍情五處關於李貞駒發布的項「干預警示」

中國間諜案件分析　153

該警示未提供太多其他細節，但警告指出：「任何被李貞駒接觸的人都應注意她與中國國家的關聯，以及她在英國政治中推動中國共產黨議程的使命。」

英國媒體與行政文件披露了若干關於李的行動細節，揭示統戰部在此案中的運作方式。李貞駒是一名律師（英國事務律師，Solicitor）。她的律師事務所於 2005 年捐款 5,000 英鎊給自由民主黨（Liberal Democrats），並於 2013 年再捐 5,000 英鎊給時任聯合政府能源大臣、該黨領袖戴維（Ed Davey）。她還向工黨的影子國際貿易大臣巴里·賈迪納（Barry Gardiner）的競選辦公室捐贈超過 60 萬英鎊，並資助數名工作人員的薪資，其中包括她的兒子，擔任賈迪納的日程管理人（diary manager）。(171)

外界質疑李是否對賈迪納部長產生影響，促使他支持中國投資英國的欣克利角（Hinkley Point）核電廠計畫。賈迪納公開聲明，李的捐款並未影響他的立場。李亦成立另一個政治影響團體「英國華人政黨」（Chinese in Britain Party），該議會團體向國會議員遊說中國的政策，並由賈迪納擔任主席。

如圖 22 所示，李已成功滲透英國政治領導圈。該圖顯示從香港與中國私人來源流向李在英國公司帳戶的資金流向。軍情五處（MI5）認為，這筆錢由中國政府資助。李建立了一套運作機制，藉由利用英國華人社群作為身分掩護與

行動掩護，以影響英國政府。[29]

她曾受雇於中國大使館的僑務辦公室，該辦公室隸屬於統戰部。雖未獲確認，但她非常可能是依照該辦公室的指示，在英國國會倡議中方政策。

李貞駒指派其子 Michael 擔任「英國華人計畫」（British Chinese Project）主任。該組織旨在影響英國國會。在 MI5 發布警示通報後，該組織解散。李亦與「中國人民對外友好協會」（Chinese People's Association for Friendship with Foreign Countries）有聯繫，該協會亦是統戰部的下屬機構。透過該協會，李曾與蘇格蘭議會部長妮可拉・史特金（Nicola Sturgeon）有所接觸（見圖 21）。

關於李貞駒行動的最後補充說明

2024 年 2 月，倫敦聖潘克拉斯車站（St. Pancras Station）發生了一起公開騷動事件。一小群人正在錄影拍攝，表達對中國的支持，時值中國農曆新年。這群人皆與中共統戰部有關。他們在鏡頭前披著紅圍巾、揮舞中華人民共和國國旗。此時，他們要求布蘭登・卡瓦諾（Brendan Kavanaugh，藝名 Dr. K）停止在車站彈奏鋼琴並拍攝他自

---

29 2024 年 12 月，李對英國安全局提出誹謗的訴訟，但她敗訴。

己的表演。他們不希望自己出現在影片中。30 原本是請求，隨後演變成要求，再進一步升高為激烈的爭吵與怒罵。警方最後被叫到現場。(172) 李貞駒也在場，站在爭執人群後方，但未直接參與衝突。

媒體將那些積極在線上與影片中為中國共產黨發聲的人稱為「小粉紅」。他們享受西方社會的自由，卻試圖藉由公開支持中國共產黨來博取中方當局的好感。在這起事件中，他們引起了大量不必要的關注。卡瓦諾的影片獲得了超過一千萬次觀看。(173) 觀眾與媒體迅速識別出該群體成員及其與倫敦統戰部組織的關聯。(174) 這些成員不僅在西方社會受到廣泛批評，也在中國國內被譴責，原因是他們未遵守其所居住國家的規範。

2023 年與 2024 年的幾起新增案件，有助於進一步說明中國如何對外國政治機構，特別是在歐洲，執行祕密行動。2024 年，英國皇家檢察署開始對 32 歲的克里斯多福‧貝瑞（Christopher Berry）與 29 歲的克里斯多福‧卡許（Christopher Cash）提出起訴，兩人因涉嫌對英國國會議員進行間諜活動而被逮捕。

在 2023 年，商人楊騰波被拒絕入境英國，儘管自 2002 年起他每年都有部分時間居住於英國。楊是「漢普頓國際集團」（Hampton Group International）的董事，該公司是一

---

30 值得注意的是，聖潘克拉斯車站非常巨大，橫跨了好幾個街區。

◆ 圖 21：李貞駒案關係圖

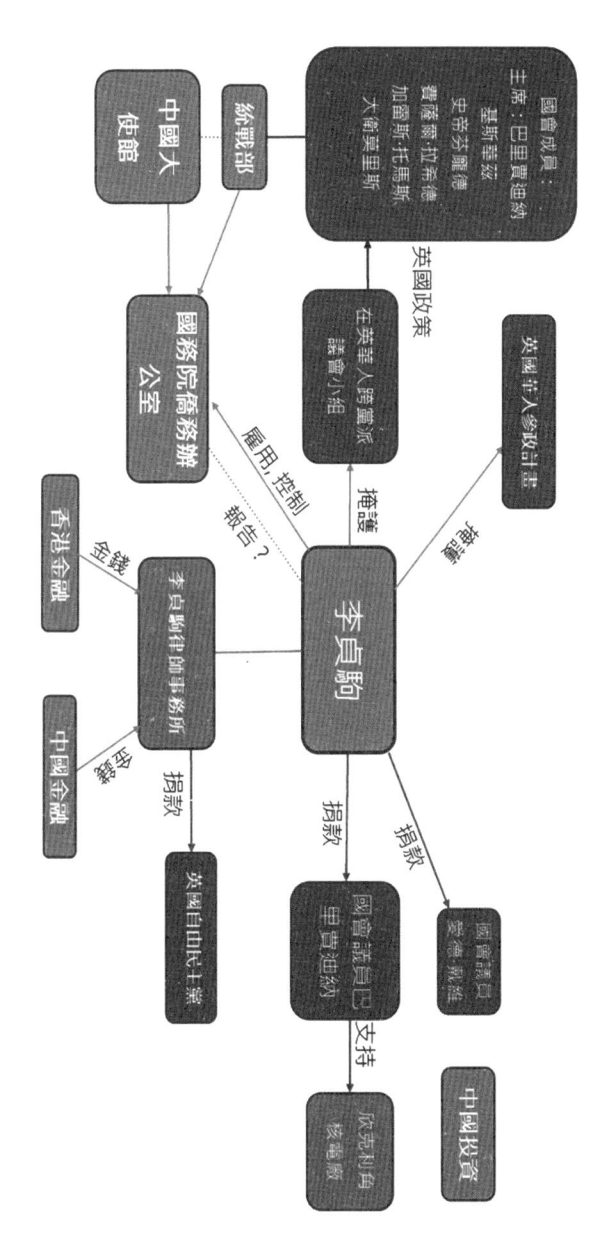

國會成員：
主席：巴里賈迪納
史密斯凱茲
安帝芬麗儂
費歐娜布魯斯
加里希瑟
大衛莫里斯

統戰部 ⋯⋯ 中國大使館

英國政策

在英華人跨黨派議會小組

英國華人參政計畫

李貞駒

國務院僑務辦公室

僱用, 控制
報告？
掩護
辯護

李貞駒律師事務所

香港金融
中國金融

捐款 → 英國自由民主黨
捐款 → 國會議員巴里賈迪納 → 支持 → 欣克利角核電廠
捐款 → 國會議員

中國投資

中國間諜案件分析　157

家為英國企業提供在華經營建議的商業諮詢公司。多年來，他與英國安德魯王子建立了密切的私人關係，並與多位英國高層政治人物建立了私人與財務上的聯繫。

2021年11月6日，楊在英國邊境被攔下並接受搜查。英國當局沒收了他的手機並下載了其中資料。四天後，手機被歸還。(175)

2024年底，英國「特別移民上訴委員會」（Special Immigration Appeals Commission）駁回了楊申請留在英國的上訴。根據英國政府的說法，楊代表中國統戰部從事祕密情報收集與影響行動。楊則聲稱他與中國官方只有「有限聯繫」，從未擔任中國共產黨的高級幹部，也未曾代表統戰部或中共進行任何行動。但英國當局在調查中獲得的證據，證實他與統戰部有密切關係，且確實為其執行任務。

部分調查報告指出，「在楊接受英國國安單位調查期間所獲得的一份文件中，包含中國駐英國大使館提出的關於『策略』的問題」(176)，推測跟他與安德魯王子的關係有關。

同一次檢查中還發現，他手機中的一封信件，收件人為北京市統戰部；一份代表團成員名單，包含一位統戰部成員，以及被列為統戰部與北京市海外聯誼會成員的職稱；一封簡訊內容為，申請人自我介紹為「中國人民政治協商會議」的海外代表。政協是中國共產黨統一戰線體系中最核心

的政治協商機構之一。(177)

委員會還發現，楊刻意隱瞞了他與「中國國家機構、中共及統戰部」的關係。他與上述組織之間的關係被描述為「祕密且具隱蔽性」。

在歐洲其他地區，2024 年，德國安全部門逮捕了郭建，他因替中國國安部對歐盟進行間諜活動而被捕。郭建是「德國另類選擇黨」（AfD）歐洲議會議員馬克西米利安・克拉赫（Maximilian Krah）的助理。一名代號為「顏琪 X」（Yanqi X）的女子與郭建有關。[31] 顏琪 X 在德國東部萊比錫／哈雷機場任職，所屬公司負責提供物流服務。2024 年 10 月，她在德國被捕。德國當局指控她在 2023 年 8 月至 2024 年 2 月中旬期間，多次向郭建提供情報。這些情報內容包括航班資訊、貨運與乘客資料、以及與德國軍火公司相關的軍事設備運輸細節。(178)

2024 年 7 月，挪威安全局逮捕了 37 歲的奇萬・馬克蘇特・詹（Ciwan Maksut Can），他被控替中國國安部從事間諜活動。詹是挪威工黨「國際論壇」的總編輯，亦是一家地緣政治風險分析諮詢公司的創辦人。還有許多案例，顯示中國願意投入大量資源，以祕密手段影響外國政治機構。

| 31 無進一步資訊。

海外華僑社群

針對中國僑民的行動，目的是消除任何可能直接威脅中共政權的行為，確保海外對中國的支持，以及影響外國選舉，以達到對中共有利的結果。

金新江（Zoom 事件）

除了國安部對個人的招募之外，某些在全球營運的中國公司與中國情報蒐集行動之間也存在密切關係。例如，近年來，中國的 5G 巨頭華為與中興便受到美國與其他國家的強烈關注，被認為對國家與經濟安全構成威脅。華為與中興是全球多起刑事調查與制裁的對象。全球範圍內已有多名華為員工因竊取外國技術與商業機密而遭到定罪。同樣地，由中國字節跳動公司擁有的社交媒體應用程式 TikTok 也受到審查。印度已禁止其使用，美國也在聯邦與各州層級推動類似措施。一起涉及 Zoom 公司的刑事案件，以及該公司與中國情報與公安機構的關係，也引發了類似的疑慮。

擁有人員、政府與商業網路通道的通訊公司，正日益成為我們這個時代最重要的安全議題之一。COVID-19 疫情成為催化劑，前所未有地推動虛擬會議與文件共享的普及。由於使用頻率提升，企業與個人將更多敏感資料交給電信公司

處理。

2020 年 11 月，FBI 發布一份密封刑事訴狀，指控美國通訊公司 Zoom Video Communications 的員工參與中國針對美國公民的間諜與祕密行動。Zoom 在 2021 年營收達 26 億美元，於美國與中國均設有辦公室，是全球視訊通訊市場的重要業者。

中國 2017 年《國家情報法》第 7 條明文規定，中華人民共和國境內的「任何組織與公民」，包含旅外中國公民，都必須「支持、協助與配合國家情報工作」。該法律同時要求所有參與者保密，不得透露自己為中共政府執行任務的事實。類似的法律也適用於中國的反間諜行動。無論中國公民身處境內或境外，這些法律皆具效力。

因此，FBI 發現 Zoom 員工積極協助中國進行情報工作，針對居住於美國與香港的用戶並不令人意外。這些行動包括：Zoom 代表北京方面，在美國對「中共不喜歡的政治與宗教討論」進行審查。該行動的主導者為金新江（英文名 Julien Jin）──Zoom 的資安技術主管。[179] 金是 Zoom 與中國高層執法與情報機構（公安部與國安部）的聯絡人。他自 2016 年起受雇於 Zoom，工作地點為中國浙江辦公室，該辦公室負責 ZoomApp 的研發，擁有約 700 名員工。

Zoom 聲稱已開除金新江，並將其他涉案員工停職處分。[180] Zoom 也表示正在全力配合 FBI 調查。但這些內部懲

中國間諜案件分析　161

處,是在 FBI 赴其位於加州聖荷西的辦公室展開調查後才發生的。在此之前,Zoom 員工已違反美國用戶的隱私權,代表中國全球情報體系收集資訊與執行行動。金新江目前已被列入 FBI 網路犯罪「最高通緝名單」。[181]

根據 FBI 宣示書與 Zoom 官方部落格的內容,可歸納出以下與行動相關的要點:

- 在公安部第一局(對外情報與反情報)指示下,金與其他 Zoom 員工收集美國用戶資訊,並關閉了紀念「六四天安門事件 31 週年」的 Zoom 會議。
- 金與共犯偽造 Zoom 使用條款違規證據,以正當化會議關閉與用戶帳號封鎖的行為。
- Zoom 為來自杭州公安局的五名公安人員建立了偽裝帳戶,並同意為其提供系統的「特殊訪問權限」。
- Zoom 同意將約 100 萬名「海外華人用戶」的資料儲存地點從美國遷至中國,讓這些帳戶受中國法律與程序約束。
- 就在這些刑事行為發生的同時,多倫多大學「公民實驗室」發布報告指出 Zoom 存在多項資安漏洞,包括全球資料傳輸至中國伺服器。[182]Zoom 宣稱這是系統錯誤,並保證不會再犯。

在一封電子郵件往來中,國安部希望先不中止標的用戶

的會議,希望藉此蒐集有關宗教與民主異議人士的情報;相反地,公安部更傾向立即關閉反對中共的 Zoom 活動。

金新江向杭州公安局網安部門表示,Zoom 已與他討論「重大違法事件的監控」,並承諾將「主動回報並定期預警」。

之後,公安單位要求 Zoom 提供每日監控紀錄,內容包括香港示威活動、非法宗教活動、募資活動等清單。

情境脈絡分析:

從公開資料中,我們可抽出此案的幾個具體事實。但若要完整理解本案意涵,需從背景脈絡進行分析。

Zoom 是一家市值數十億美元的美國公司,在中國有龐大業務與深厚關聯。其 App 的所有研發皆在中國進行,這點不論有意與否,都意味著外界難以得知其功能與漏洞。

2020 年初,多位資安研究人員指出 Zoom 存在安全性薄弱、加密標準錯誤陳述、漏洞眾多,以及可疑的操作行為。Zoom 承認了這些問題,並承諾改正。

COVID-19 疫情讓 Zoom 成為市值數十億美元的全球平台,被數千個政府單位、企業與個人廣泛使用。國安部的 APT(進階持續性威脅)團隊對許多常用 Zoom 的外國公司與政府機構進行網路攻擊。

FBI 在調查金新江的電子郵件中發現,Zoom 原本設有

保護美國用戶身分與數據的規定，但公司內部人員仍蓄意繞過這些保護機制，以協助公安部與國安部。

中國的《國家情報法》與《反間諜法》強制要求在中國境內營運的公司（包括外國公司）或在海外營運的中國公司，須配合中華人民共和國的情報蒐集工作。在通訊企業的案例中，若未遵守中國的審查規定，則有可能被排除在中國市場之外。中國公安部向 Zoom 公司官員強調了這一政策。

本案涉及多個中國國家機構與官員，如圖 22 所示：

- 杭州西湖區網路警察隊。
- 浙江省公安廳網安總隊。
- 北京公安局第十一局（網安局）。
- 杭州西湖區網信辦。
- 杭州市公安局網安支隊。
- 公安部第一局（政治安全保衛）。
- 國家安全部。

若 FBI 的刑事訴狀與 Zoom 的聲明屬實，則 Zoom 的員工與管理階層即涉嫌違反美國法律，並主動協助中國情報體系進行全球情報蒐集活動。

圖 22：金新江案關係圖（另請參閱附錄）

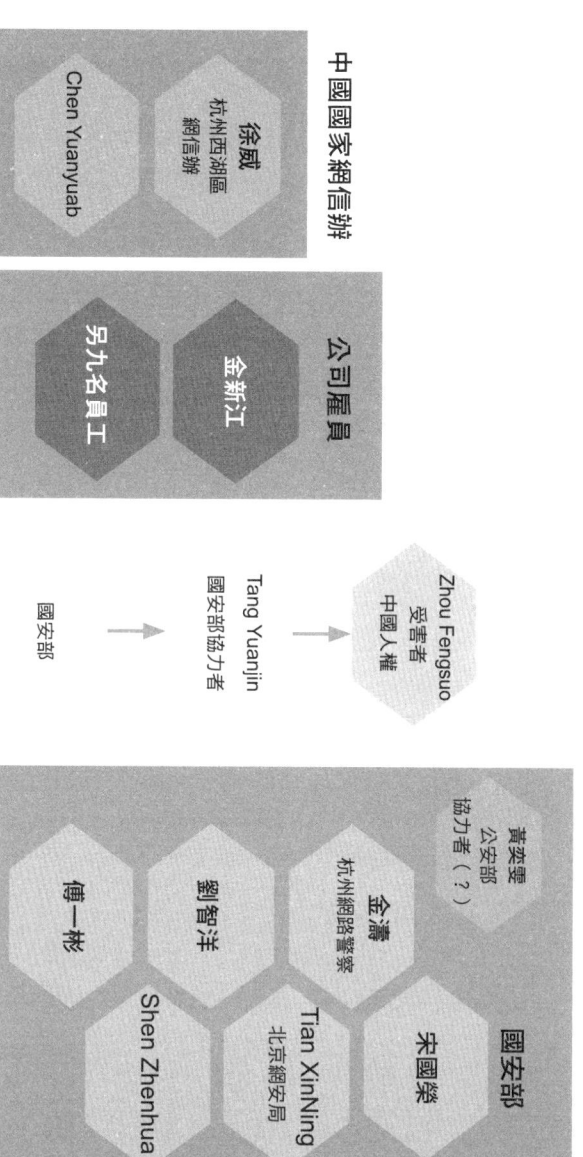

中國國家網信辦
- 徐威　杭州西湖區網信辦
- Chen Yuanyuab

公司雇員
- 金新江
- 另九名員工

Tang Yuanjin　國安部協力者 → Zhou Fengsuo 受害者　中國人權

國安部 →

- 黃奕聖　公安部協力者（？）
- 金濤　杭州網路警察
- 宋國榮　國安部
- 劉智洋
- Tian XinNing　北京網安局
- 傅一彬
- Shen Zhenhua

■ COPYRIGHT©SHINOBI ENTERPRISES, LLC.

中國間諜案件分析　165

真相、謊言與合理否認

　　Zoom 聲稱自己並不知道數名員工曾協助中國的情報與執法機構從事相關活動。Zoom 也表示，一旦得知 FBI 展開調查後，他們立即開除了資安技術主管，並將其他幾名員工停職處分。[183] 這些事件發生的時間，正好與 Zoom 因將個人資料傳送至中國伺服器而遭到公開揭露的時間點重合，此舉違背了該公司先前一再承諾「絕不這麼做」的說法。

　　在間諜活動中，「合理否認」（plausible deniability）指的是情報收集與祕密行動從一開始即設計好，若遭揭露，主導單位可以否認其知情或涉入。就像國際象棋裡的卒子，公司員工可以被「犧牲」，以保護更高層的決策者與組織核心。Zoom 的情況是否屬於此類？該公司主動公開了此案以及其部分應對細節，[184] 即便在 FBI 的刑事起訴書中，他們仍是被稱為「公司一」（Company-1）。[185]

　　這種公共關係操作常被用來引導輿論，淡化公司應承擔的責任或道德批評。在這起事件的核心問題是：Zoom 到底知道多少？誰知道？什麼時候知道的？他們又採取了哪些行動？

　　有相當多證據顯示，Zoom 的員工是有意識地、主動地，依照中國政府要求行事，成為公司默許的政策。根據 FBI 的刑事起訴書，Zoom 內部流通的電子郵件顯示該公司員工

執行了以下行動，以配合中國的情報與公安機關：

- 將部分中國境外使用者的個資交給中國當局。
- 為中國公安部五位幹員建立假帳號，滲透並破壞美國公民與香港民主人士所召開的視訊會議。
- 同意將約 100 萬名「海外中國人」的帳戶資料移交中國公安機關，並承諾在發現民主與宗教倡議者召開會議的一分鐘內，回報給公安機關。(186)

　　Zoom 聲稱其高層對這些行動「毫不知情」。但問題在於：當公司在中國與美國的員工一再違反美國法律與公司內部政策，為中國情報與執法機關服務時，「是否知情」的聲明還有多大意義？這也是許多民主國家所面臨的困境：當允許中國企業深入其經濟體系，會不會也引入了政治風險與國安漏洞？

情報手法分析

- 中國公安部、國安部與中國國家網信辦緊密協調，共同行動以實施跨國鎮壓。
- 中國政府曾因 Zoom 未能即時配合公安要求，而暫停其在中國的服務。

- 共謀者間使用公開的電子郵件與電話溝通。
- Zoom 同意中國公安的要求，在一分鐘內提供對中共不利言論的外國人資料。
- Zoom 承諾提供高達一百萬筆用戶資料給公安機關。
- 中國公安第一局（政治安全保護局）與國安部及網信辦共同協調相關行動。

這種情況也出現在中國其他科技企業如華為、中興與社群平台 TikTok 身上。問題是：這些企業真的能讓全球民眾放心交付個人與企業資料嗎？或者，他們是否終究難以脫離中國共產黨的掌控與要求？這不僅攸關產業技術與國家機密，更牽涉到民主社會每個人的基本自由與安全。

梅蘇特（Babur Maihesuti）與多傑嘉登（Dorjee Gyantsan）（瑞典，2008–2017）

本段的文字詳盡分析了兩位由中國國安部招募的間諜——梅蘇特（Babur Maihesuti）以及多傑嘉登（Dorjee Gyantsan），他們在瑞典及其他北歐地區從事針對維吾爾與藏人僑民的情報活動。Maihesuti 於 2010 年在斯德哥爾摩因間諜行為被定罪，Gyantsan 則於 2017 年被定罪。這些行動由駐瑞典與波蘭的國安部幹員主導。

梅蘇特 1948 年出生於蘭州，在天津長大。他的父親梅赫蘇（Mehsut）是來自和田的維吾爾商人，母親 阿米娜（Amina）是回族家庭主婦。該家庭共育有九名子女，1950 年代移居天津，並於 1960 年代末返回新疆和田。梅蘇特的職業歷程從政府翻譯官開始，1990 年代曾任和田市長，後成為喀什某國營貿易公司的董事長，使他得以頻繁前往哈薩克、烏茲別克與台灣。

　　1997 年，他以政治難民身分抵達瑞典。取得瑞典國籍後，他被中國國安部招募。他向國安部提供維吾爾僑民的情報，包括健康、旅行、政治活動，與仍在中國的親屬狀況等。這些情報交由駐斯德哥爾摩《人民日報》記者身分掩護的國安部幹員雷達（1974 年 10 月 17 日出生）。雷達的任務是蒐集與瑞典、挪威、德國與美國有聯繫的維吾爾人個資。梅蘇特也蒐集與世界維吾爾代表大會（World Uyghur Congress）有關的政治活動、庇護狀況、健康、旅遊與電話資訊，尤其是社群領袖與重要人物。

　　他們之間的聯絡方式包括面對面會晤、電話與電子郵件，並常利用「草稿匣」留訊息。他稱呼雷達為「老王」。他們大量使用公共電話與預付卡手機以避開偵測。警方搜索他公寓時發現九支手機，其中三支與雷達通話有關。從 2008 年 1 月到 2009 年 5 月間，他們通話 180 次，其中 59 通使用「行動電話」，另 11 通來自九支不同手機，平均每

兩天聯繫一次，長達一年。

兩人多次於餐廳祕密會面，根據監控紀錄，雙方曾在 29 個不同地點碰面。此外，梅蘇特也曾與雷達的妻子周露露（Zhou lulu，音譯，亦為國安部幹員）單獨會晤。2010 年 3 月，他因間諜罪被判刑一年四個月。

瑞典安全局進一步調查發現另一名國安部線民——多傑嘉登，他自 2009 年起即與雷達有聯繫。多傑嘉登於 2002 年來到瑞典，初期以回族[187]名「馬阿卜多」（Abdul Ma）自稱，後採用「多傑嘉登」為新身分。他曾由以下三名國安部幹員管理：

- 雷達：駐斯德哥爾摩的《人民日報》記者，梅蘇特被捕後，與其妻周露露（中國駐瑞典大使館外交掩護下的國安部幹員）一同被驅逐出境。
- 趙廣俊：1950 年 11 月 18 日出生，當時任職芬蘭赫爾辛基的《光明日報》《法制日報》駐地記者。曾於 2003 至 2008 年派駐華盛頓，2013 至 2014 年間多次在赫爾辛基與 Gyantsan 見面。
- 孫波：中國駐波蘭大使館政治部三等祕書，負責監督由國企「安徽出版集團」旗下「Time Marszałek Group」出版的《維吾爾謎題》。

2017 年 3 月，多傑嘉登在瑞典尼奈斯（Nynäshamn）港被捕，身上帶有 6,000 美元與數包空藥盒，被控對藏人僑民從事加重間諜罪。雖他否認指控，但電話監聽與審訊中的矛盾說詞顯示他持續從事情報活動，且與國安部有財務往來。

到 2015 年 7 月，瑞典安全局已認定多傑嘉登涉嫌針對流亡瑞典的藏人進行情報活動。該局多年來一直監控他，並持續蒐集證據。電話紀錄與監控資料（在波蘭方面的協助下）顯示，2015 年至 2017 年期間，多傑嘉登曾 15 次前往波蘭，在格但斯克（Gdansk）與華沙會見一名名為 Sun 的人士。至少有一次，他與幾位「朋友」造訪波蘭的一家妓院。他同時與總部位於挪威的「西藏之音」（Voice of Tibet）廣播電台保持聯繫，並前往挪威與丹麥執行情報蒐集任務。

多傑嘉登於 2017 年 3 月在瑞典尼奈斯港被逮捕，隨後被送往斯德哥爾摩的警察局，他被指控：涉及加重的非法情報活動，對象為瑞典境內的西藏流亡社群。他對此指控表示否認。完成初步偵訊後，多傑嘉登被轉送至斯德哥爾摩的一所監獄，接受進一步訊問。

多傑嘉登辯稱，6,000 美元來自他在中國賣掉房產，由波蘭一位朋友交給他。但電話監控紀錄顯示，他多次從波蘭返回時，將現金藏於中藥盒中。他還一度對警方報案稱在斯德哥爾摩遺失證件，隨後聯絡中國某人，聲稱 6,000 美元在波蘭被偷走。該筆資金實為來自國安部幹員孫波的「酬

勞」。

當被問及此事,他改口稱那筆錢是賣喀什米爾羊絨圍巾的利潤,對於先前曾在返回瑞典後立刻存入銀行的其他款項,他又聲稱來自「換匯或賭場贏錢」。

瑞典安全局最終確認,多傑嘉登系統性蒐集藏人僑民的個資,並收取中藥盒中的現金報酬。2017 年,瑞典地方法院以加重間諜罪判處他有罪,必須入獄服刑。(188)

情報手法分析

- 中國國安部利用《人民日報》的職位與外交人員的身分作為其祕密行動的掩護。
- 國安部投入大量資源,針對居住在海外的小型少數民族群體蒐集情報。在梅蘇特被捕之後,國安部從瑞典的直接管理模式轉為從波蘭進行遠端操控。
- 幹員與線民之間以公共電話進行聯繫。
- 雙方使用作業型手機及預付卡進行語音通話與簡訊傳送。
- 雙方建立了一套通訊信號,用以表達需要通話的意圖。
- 國安部以裝在中藥包裝內的現金支付報酬。
- 有些報酬是透過貨幣兌換服務進行處理。
- 多傑嘉登使用渡輪往返瑞典境內外。
- 多傑嘉登一直以代號「老王」稱呼雷達。

王書君（2005–2022）

王書君的案件可以說明中國國安部如何利用線民，收集有關被視為潛在反對中國共產黨利益的個人與團體的訊息。中共將這些實體稱為「五毒」，因為它們被認為對中共的絕對統治構成威脅。這五類對象包括：

- 支持東突厥斯坦獨立運動的維吾爾族人士
- 支持藏獨運動的人士
- 修煉法輪功的信徒
- 中國民主運動的成員
- 支持台灣獨立運動的倡議者

王書君，76歲，是一位華裔入籍美國公民，擁有紐約法拉盛和康乃狄克州諾里奇兩處住所。在1994年以前，王是中國青島社會科學學院的副教授。1994年，他以訪問學者身分前往紐約市哥倫比亞大學，展開為期兩年的交流。1996年，他以傑出學者身分獲得EB-1永久居留簽證，2003年成為美國公民。

2006年，王在紐約法拉盛與人共同創立了「胡耀邦與趙紫陽紀念基金會」，該非營利組織旨在紀念中共已故改革派高層胡耀邦與趙紫陽。該基金會的董事會成員多為知名

民主異議人士，反對中國政府。王在組織內擔任領導職位，並自 2020 年起擔任祕書長。

王是中國國安部發展的間諜，負責人力情報收集。據悉，他於 2005 年在香港被招募。當時他是被女婿邀請赴餐廳吃飯，席間兩名國安幹員也在場，對他進行了招募。

關於他後來數次返回中國期間究竟發生了什麼，似乎存在一些疑問。例如，2010 年，一家美國的民主組織資助王赴中國與改革派會面。但王最終未赴約，並在中國消失了一個月。返美後，他未對此做出清楚說明，因此被懷疑為中國國安人員。當時（2010 年）已有異議人士向 FBI 舉報他。

王在其整個任務期間，共由四名來自兩個地區局的國安幹員負責處理。身分如下：

- 何鋒（Boss He）：中國國安部廣東省國安廳處長。
- 紀捷：中國國安部青島市國安局科長。
- 李明（又名「唐老」和「小李」）：廣東省國安局人員。
- 陸克青（又名（陸總」）：青島市國安局處長。

王利用他在紀念基金會的職位，以及在大紐約地區僑社的影響力，為中國政府提供有關異議人士、人權領袖與民主倡議者的信息，長達十餘年。

王書君與紀捷、李明的聯絡與任務：

在通信中，紀捷與李明要求王書君收集美國與中國境內的中國異議人士與民主運動者的情報。

2016年11月15日至17日，王書君向紀捷提供了有關習近平傳記新書的消息。紀表示感謝，但認為內容過於泛泛，要求王詳細了解作者、內容、出版時間及資金來源等細節。王予以確認。

李明對王書君的旅行指示：

2016年11月16日，李明通知王書君，何總希望王能在農曆新年後赴香港。王書君的旅行紀錄顯示，他在2017年2月2日從紐約出發赴港，距離當年1月28日的農曆新年僅數日。

2016年11月21日與22日，王向紀捷提供了基金會會議的詳細資料，還被要求接觸一名與西藏、維吾爾、蒙古族有關係的著名異議人士，並取得成果以獲得加薪與更多支援。王答應後，回報該異議人士已在法拉盛，並願討論2017年「全力推進」的計畫。紀要王深入了解其策略。

2016年11月28日，王轉發一封邀請函給紀，內容是邀請藏人與漢人共同參加一場歡迎達賴喇嘛北美代表的宴會，並提供主辦者資訊與出席人名單。29日，他更新了出席者名單，強調民主運動者的合作狀況。

王書君的通訊與日記：

2016 年 12 月 2 日左右，王書君向紀捷報告，一位香港知名異議人士將赴華盛頓出席有關「香港銅鑼灣書店失蹤事件」的國會聽證會，之後將與他在紐約會面。王會以代號「William's diary」紀錄他與民主人士的交流與評估，以作為情報蒐集的掩護。數據分析顯示，他的郵件帳號常在他身在美國時從國外 IP 登入。王也透過微信與國安部幹員聯絡，有時也請其女兒在香港代為傳話。(189)

其他異議人士不信任王書君，認為他懶惰無效率，而且即便他已經在美國生活數十年，英文卻差到無法與美國決策者對話。他一度在布魯克林經營紀念品店，經常抱怨缺錢，並向國安幹員提及金援需求。2000 年，他曾對中國媒體表示後悔來美國。

外界對於王書君的學術資歷也有重大質疑。目前沒有任何公開紀錄顯示他在中國獲得學士學位以外的教育。他在中國僅有兩篇出版作品，一篇是他在山東大學的學士論文《太平洋海空戰》，另一篇為其後續作品《太平洋戰役》。他在美國唯一的出版品，是一份 1999 年的中文逐字稿，內容為他訪談張學良的 145 卷錄音帶。這份作品名為《百年張學良傳奇》，是部口述歷史，訪談實際是由王的資助人唐德剛博士所進行。唐博士是哥倫比亞大學的哲學教授與歷史學者。

一般認為，唐德剛博士之所以資助王書君，主要目的只是讓他完成對張將軍訪談的整理工作。因此，國務院為何會在這樣薄弱的學術資歷下，核發王書君永久居民簽證，實屬耐人尋味。王在美國期間，也並無與任何學術機構有正式隸屬關係。

情報手法分析

- 兩名中國國安部幹員在香港與王書君會面進行招募，該次晚宴由他的女婿安排。
- 兩個省級國安局（青島、廣東）共同負責王的情報線民工作。
- 王在前往中國的旅行中，曾與國安幹員進行面對面會晤。
- 中國國安部支付王赴中國的旅行費用，以進行當面會議。
- 王使用一般商業電子郵件，接收來自國安幹員的任務指令，並用於收發書面訊息與檔案。
- 他曾多次撥打電話給其在中國的國安聯絡人。
- 王使用微信應用程式與中國的國安幹員聯繫。由於他技術能力不足，有時會請他在香港的女兒代為向國安幹員傳遞訊息。
- 王將他蒐集的情報內容儲存在以「日記」命名的草稿匣中。使用「日記」這個詞，是為了在有人質疑他為何保存並傳送與活動或交往對象有關的資訊時，具備合理的否認

圖 23：王書君案關係圖

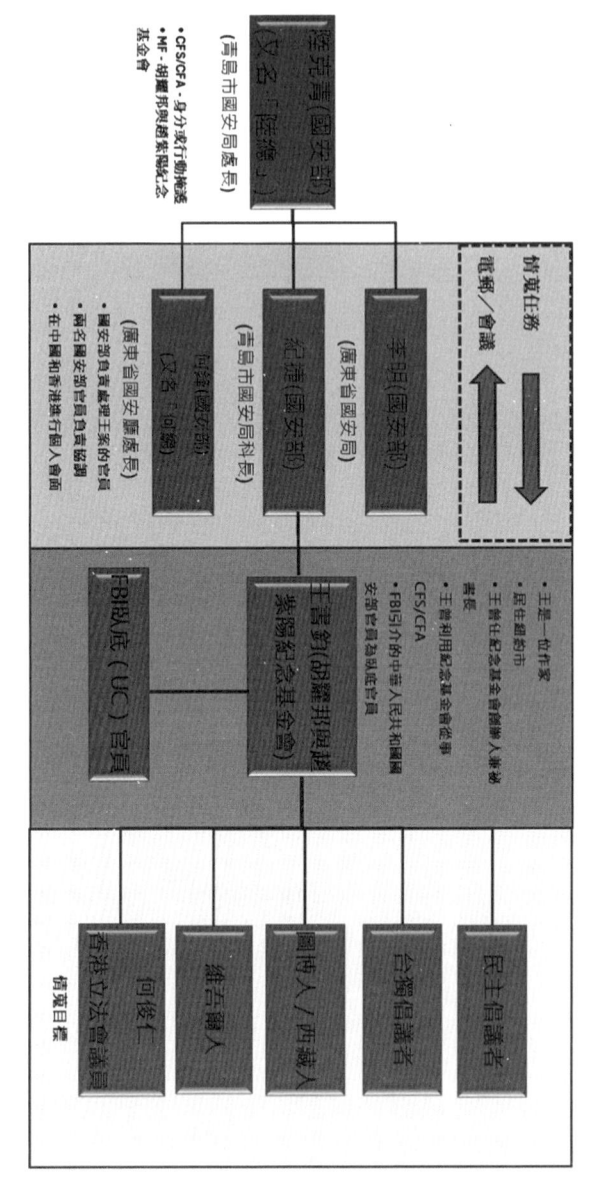

情蒐任務
電郵/會議

陸克勇（國安部）
（又名「陸傑」）
(青島市國安局處長)
- CFS/CFA - 身分來行動輔誘
- MF - 胡羅飛與蔡穎紀念基金會

范東(國安部)
(青島省國安局)

范東(國安部)
(青島市國安局科長)

句鋒(國安部)
(又名「司鋒」)
(廣東省國安廳處長)

- 王是一位作家
- 居住紐約市
- 王擔任紀念基金會聯絡人秘書長
- 王他利用紀念基金會聯絡企業
- CFS/CFA
- FBI引介的中華人民共和國顧問安當特員為臥底官員

王書君(胡羅飛與蔡穎紀念基金會)

FBI臥底（UC）官員

情蒐目標

- 民主倡議者
- 台灣倡議者
- 圖博人/西藏人
- 維吾爾人
- 何俊仁
- 香港立法會議員

■ COPYRIGHT©SHINOBI ENTERPRISES, LLC.2022

178　中共間諜戰術全解析

理由（plausible deniability）。
- 這些「日記」電子郵件草稿被中國的國安幹員登入並查看。
- 王也曾親自從美國攜帶資料回中國。
- 王擁有一本筆記本，裡面手寫記錄了中國國安幹員的聯絡資訊、會面指示，以及中國駐美領事館官員的聯絡方式。
- FBI 的搜查令發現，王持有偽造的身分文件與銀行帳戶。

唐元雋 （2018–2023）

唐元雋於 2024 年 8 月被逮捕，他涉嫌在 2018 年至 2023 年之間擔任中共國安部的線民。他回報的情報類別如下：

- 美國境內的著名中國民主運動人士與異議人士。
- 來自紐約的美籍華裔國會候選人熊焱。
- 處理中國異議人士政治庇護申請的美國律師事務所。[32]

唐元雋表示，他渴望回中國探望年邁的家人。來自他家鄉的一位熟人幫助他與國安部建立起安全的線上聯繫管道。在被招募之後，唐元雋使用一個電子郵件帳戶、加密聊天、

---

32 唐元雋向朋友聲稱，他只是隨機在網路上找到律師，並未透露其組織實際使用的律師。另有異議人士表示，國安部正積極尋找在紐約與洛杉磯辦理中國人政治庇護申請案件的律師事務所。國安部會追蹤異議人士，然後在發放出境簽證前，招募他們為國安部服務。

簡訊，以及音訊與視訊通話的方式，向國安部回報情報。他還協助國安部滲透一個 WhatsApp 上的群組聊天室。該聊天室由眾多中共異議人士與民主運動者使用，用來討論民主議題與批評中國政府。實際上，這個群組被用戶稱為「超級群組]（super group），因為它是由許多其他群組所組成。群組成員甚至無法辨識該群組的發起人是誰。[33]

此外，唐錄製了一場 2020 年 6 月舉行的 Zoom 線上討論會影片，該討論會是為了紀念中國天安門事件週年。這場 Zoom 線上會議由周鋒鎖主持，他是位於紐約市的「六四紀念館」館長，同時也是中國民主運動的主要倡議者。中華人民共和國公安部也在 Zoom 中國分公司與駐美員工的協助下，滲透了這些線上討論活動。[34]

唐元雋是中國民主黨全國聯合總部（China Democratic Party United Headquarters）海外總部的祕書長，該總部設於紐約市。這是一個非營利組織，協助中國大陸異議人士申請移民與庇護進入美國。據稱，唐向中國國安部提供了這些人士的相關資訊。[35] 唐還被指控曾替國安部辨識出十位移民律師，

---

33 這個資訊來自 2024 年 8 月 26 日與異議組織成員的討論。
34 美國司法部，美國訴新疆朱莉安・金（Julien Jin）案，案號：1:20-mj-01103-RER，2020 年。
35 接受本報告訪問的異議人士表示，國安部利用紐約和洛杉磯的一些民主協會，來辨識試圖逃離中國的異議人士。此外，國安部還利用被滲透的異議組織，透過在簽證申請流程中安插其招募的線民。

以協助部署中國情報人員在美國的行動。紐約與洛杉磯的其他異議組織也提供類似的簽證申請協助,以此作為收入來源。

2022 年,唐元雋在中國吉林省長春市與國安部會面,會面期間,一名情報人員在唐元雋的手機上安裝了一個軟體。唐認為該軟體是一種「監控裝置」,導致他手機上所拍攝的所有照片與影片都會自動傳送至國安部。[36] 身為民主運動的領導倡議者,唐鼓勵異議人士參與在曼哈頓與華盛頓特區的抗議活動。他使用遭到植入監控軟體的手機拍攝現場照片,中共則利用這些照片作為海外異議人士的證據進行打壓。

自 2017 年起,中國的情報機構,特別是國安部,在針對國家安全目標的行動中,展現出其情報技術上的重大變化。以下章節將說明近期國安部在人員招募、聯絡處理以及行動安全方面所採取的最新技術與手段。

據稱,唐元雋至少曾在三個不同時間點與中國國安部人員會面,地點包括澳門與中國吉林省長春市。每次他都經由第三國過境,以掩飾其赴中國的行程。2019 年 1 月,唐經由台灣台北前往澳門;2022 年 4 月,唐經由南韓仁川前往中國大陸;2023 年 4 月,唐再次經由台北前往澳門。一位像唐元雋這樣的知名異議人士,若無官方核准,是無法自由

---

36 實際上,那支手機只是被設定為自動將照片上傳到一個商業伺服器,國安部便能存取這些資料。

進入中國境內而不被逮捕的。

根據 FBI 的調查，國安部在與唐討論具體行動前，曾對他進行測謊。[37] 隨後，唐向國安部提供了有關特定中國異議人士的資訊，包括從其手機上擷取的資料。儘管如此，一些居住在美國的異議人士在唐穿越該地區旅行、並對民主運動與中共政權發表相互矛盾的言論時，開始對他產生懷疑。

情報手法分析

- 中國國安部利用唐元雋對家人的情感依附，作為招募手段。
- 國安部提供給唐一個商用電子郵件帳號及密碼，作為與他們通訊的方式。
- 國安部為唐安排與他母親的視訊連線，顯示他們願意配合情報來源的個人情況進行運作。
- 唐經由中間國家前往中國，以掩飾其實際前往中國的行程。
- 唐透過電話、視訊通話、語音訊息、文字訊息與電子郵件草稿，與國安部聯繫。
- 國安部確保唐的手機會自動將拍攝的照片上傳至雲端，方

---

[37] 這是國安部首次被公開揭露使用測謊儀來篩選情報來源。這項作法很可能是針對聯邦調查局多次對國安部部署雙面間諜所做出的反應。

便國安部存取。
- 唐使用共享的商業視訊帳號與國安部溝通。
- 國安部在中國對唐施以測謊檢驗,以驗證其作為情報來源的可信度。[38]
- 國安部與公安部協同合作,在美國滲透流亡的中國異議組織與團體的線上活動。

---

38 這是首次公開揭露使用測謊考試來驗證情報來源。

理解中國的間諜手法

中國在海外從事情蒐行動的若干有趣特點之一,是其廣泛使用被稱為「情報手法」的特定祕密情報蒐集技術。中國的政府機構、國有企業、公司及個人所採用的情報手法,其複雜程度各異。甚至在中國國安部內部,不同單位所展現的手法精密程度亦有差異。

對 855 起案例的操作細節進行分析後,揭示出中國情報手法的主要模式,我們需要更多的資訊:

- 網路間諜活動。[190]
- 人力情報支援的網路間諜活動(HUMINT-enabled cyber espionage)。
- 未使用情報手法,直接使用真名與公開通訊。
- 使用假名及／或第三方傳遞資訊與物資。
- 使用商業加密軟體,或選擇在中國召開會議以避免偵測。

- 使用客製化設備或技術（例如：祕密交接點、祕密通訊）(191)、於第三國會面，或使用國內「中介人」傳遞情報（見圖24）。

正如圖25所示，最常見的情報手法是使用假名或偽造文件進行非法資訊或技術的蒐集與出口。這類手法約出現在三分之一的案例（265件）中，多半與非法技術出口有關。所謂假名與偽造文件，包含空殼公司（front companies）、電子郵件與銀行帳戶、終端使用者證明（end-user certificates）、身分證明文件、合格證書，與偽造出口報關文件。值得注意的是，中國政府文件的造假使用便利、

✚ 圖24：間諜情報手法概覽

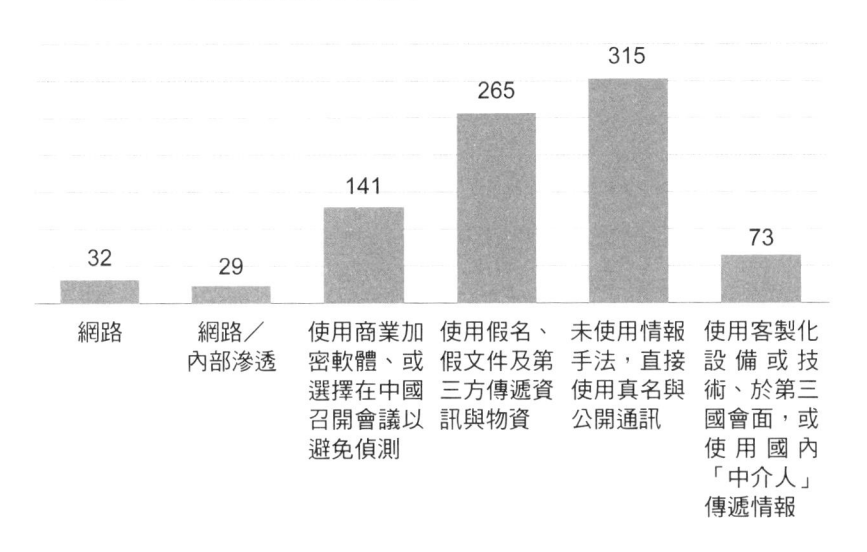

手法	件數
網路	32
網路／內部滲透	29
使用商業加密軟體、或選擇在中國召開會議以避免偵測	141
使用假名、假文件及第三方傳遞資訊與物資	265
未使用情報手法，直接使用真名與公開通訊	315
使用客製化設備或技術、於第三國會面，或使用國內「中介人」傳遞情報	73

海關通關的鬆散、以及大學，國企與官方機構的涉入，顯示這些行動具有相當程度的官方支持。

大約 17% 的案例（141 件）中，個人使用某種形式的商業加密工具來進行通訊，或是在中國舉行會議以避開執法或反情報單位的偵測。這些案例中使用的加密僅限於商業軟體應用程式，而非特殊設計、能隱藏加密痕跡的高度客製化應用程式。情報機構在必要時通常會使用祕密通訊工具。(192) 然而，這類通訊的風險在於：若遭到外國反情報部門滲透，便可能導致中國的情報人員長期受到監控，甚至有可能被反向操縱、接收偽情報。

中國情報機構傾向於選擇在中國境內（或有時為第三國）召開會議，藉此降低被外國情報單位偵破與曝光的風險。但徐炎鈞案即顯示了即便在第三國也存在風險。[39] 使用商業加密工具、中國境內會議，以及電子通訊等手法，多數出現在與經濟(193)[40] 或國家安全有關的間諜行動中（見圖 25）。

在 315 件案例中，涉案者幾乎未採取任何情報手法，甚至沒有試圖隱藏其間諜活動。他們直接使用真名、公開的電子郵件、簡訊與電話來進行活動。這類情況多見於以下情境：內部威脅、「千人計畫」的研究違規、出口法規違反行

---

39 他便是在比利時被捕並引渡至美國受審。
40 美國法典第 18 編第 1831 條以及美國法典第 18 編第 790 條系列。

為。最後,在約 73 件案例中(約占總數 8%),中國國安部情報人員及其線民展現出高度精密的情報手法。這些手法幾乎都出現在國安相關的間諜活動中。這些情報手法包含,專門設計的智慧型手機應用程式,用於安全的祕密通訊,(194) 安排在第三國會面,使用第三方中介在目標國家內傳遞情報,作為情報人員與線民之間的緩衝。

情報手法細節

對間諜案件的進一步分析顯示,間諜手法的精密程度存在高度差異,這反映了所謂「卓越孤島」(Islands of Excellence)的概念。這個詞語的意思是,中國政府與私部門在從事間諜活動時,所採用的手法在精細與成效上落差甚大。外界普遍預期,非專業情報實體,例如個人、企業與國企,會展現出較差的情報手法。而實際案例中,也確實有不少完全未使用任何情報手法的情況,符合這項預期。

然而,屬於中國國安部的案件中,竟也出現了 21 起案例,其情報人員與被招募之線民完全未展現出可辨識的情報手法(見圖 25)。在這些案件中,相關人員公開地進行招募、下達任務、傳送訊息與資料傳輸,幾乎毫無掩飾企圖。另有 13 起案件,顯示情報人員僅使用了非常初階或有限的手法。只有 18 起案件顯示出具有較高層次的精密情報手法,

(195) 多數為 2017 年之後發生。此外,在 29 起案件中,國安部採用的是商業加密軟體與中國境內會議來協助其間諜行動(見圖 25)。

中國的間諜行動中所使用的手法顯示,國安部仍相當缺乏內部標準化訓練、作業安全意識、案件監督與管理方面。同時,受雇的線民展現出類似的不穩定行為,顯示其接受的訓練、操作規範與實務流程均不一致或極為有限。(196) 這

✚ 圖 25:情報手法細節

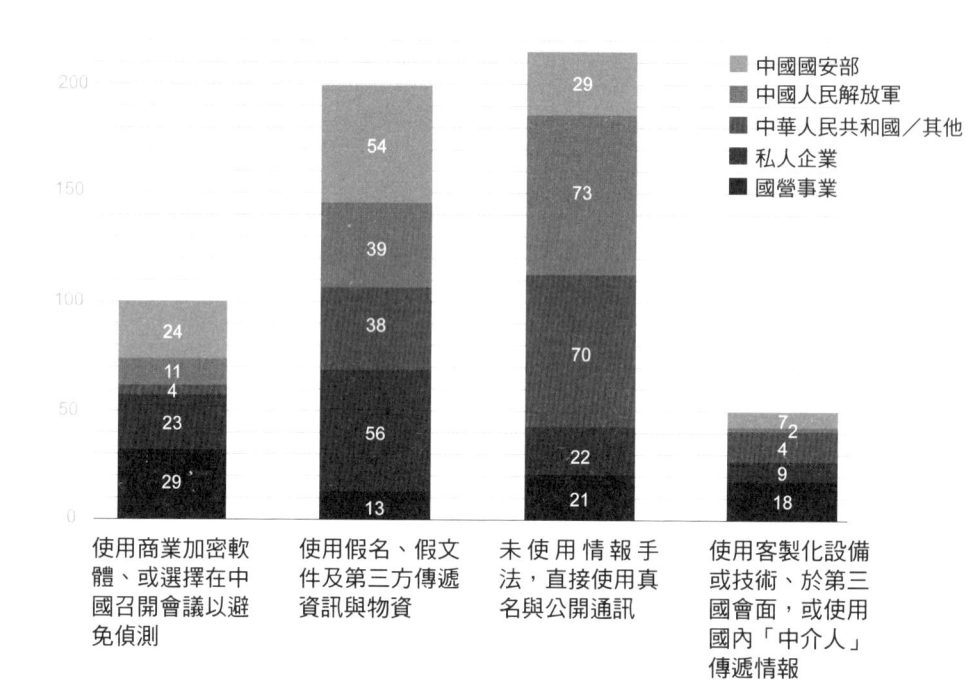

情報手法	中國國安部	中國人民解放軍	中華人民共和國/其他	私人企業	國營事業
使用商業加密軟體、或選擇在中國召開會議以避免偵測	24	11	4	23	29
使用假名、假文件及第三方傳遞資訊與物資	54	39	38	56	13
未使用情報手法,直接使用真名與公開通訊	29	73	70	22	21
使用客製化設備或技術、於第三國會面,或使用國內「中介人」傳遞情報	7	2	4	9	18

種現象可能也反映出中國省級國安局運作時的自主性過高，總部監管相對薄弱，導致實務上各地手法不一。[41]

我們可以明確看出，大多數經濟間諜活動中的情報手法相對粗糙、不精密。在 207 起經濟間諜案中，竟有 100 起案件使用的是未加密的公開通訊工具，完全未採取任何掩飾手法。這些作業通常透過商業電子郵件帳戶（未加密）進行。其中，僅有八起案件使用了高度精密的情報手法（見圖 26）。

✚ 圖 26：經濟間諜的情報手法

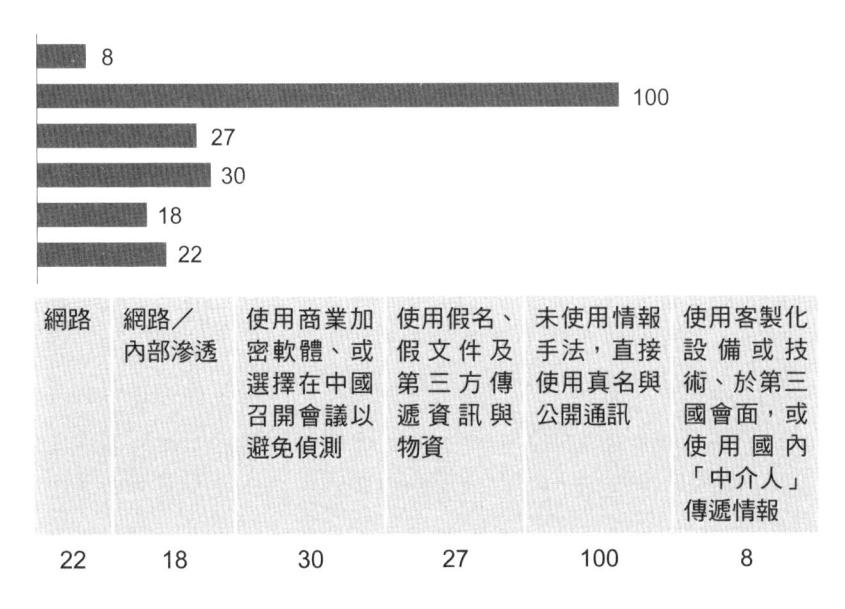

網路	網路／內部滲透	使用商業加密軟體、或選擇在中國召開會議以避免偵測	使用假名、假文件及第三方傳遞資訊與物資	未使用情報手法，直接使用真名與公開通訊	使用客製化設備或技術、於第三國會面，或使用國內「中介人」傳遞情報
22	18	30	27	100	8

41 北京在行動監督上的缺失在國安部幹員徐炎鈞的案件中展現無遺。徐與多位國安部人員協調，但無一人高於省級國安局層級。

理解中國的間諜手法　189

千沙理論

1988年,一位FBI官員對媒體描述中國的間諜策略為「千沙理論」(Thousand Grains of Sand):

> 「我們總是把他們比作沙粒,」一位FBI官員說。「如果沙粒代表情報目標,那麼蘇聯人會在黑夜中讓潛艇浮出水面,派出一小組人員上岸,帶回幾桶沙子;而中國人會在大白天派出一萬名遊客到海灘上,每個人帶回一粒沙子。」(197)

在過去三十年間,有少數學者對這種描述提出質疑,指出中國國安部的一些間諜案例使用了與西方情報機構相似的標準情報技術。這些案例被用來證明「千沙理論」並不正確,進而認為中國的間諜行動其實與西方類似。

但事實上,這些反對意見是錯的,FBI的觀點才是正確的。在過去十年中,大量證據顯示,中共動用其所有可用資源與機構來從事情報活動。那些使用專業間諜手法的案例,相較於中國整體龐大的情報收集規模而言,其實是非常少數的。中國這種「舉國體制情報作戰模式」具備下列幾項總體特徵:

- 中國共產黨監督國安部與解放軍的情報收集工作，但各地的省級國安局具有相對自主性。
- 省市級國安局與地方黨組織密切協調運作。
- 國安部與解放軍的情報收集手法，在某些方面與西方間諜技術相似；隨著情報技術的演進，這些相似性在近年有所增加。
- 儘管在技術層面有相似之處，中國在招募、操作與資安管理方面仍有獨特作法。
- 國務院負責下達國企的技術發展任務。目前沒有證據顯示國務院或中共中央會直接命令國企偷竊技術，但由於國企內部設有黨委，可以確定這些情報行動至少是在「知情默許」的狀態下進行的。
- 許多涉及國企、大學與私人企業的案例，都使用了政府資源（如研究機構、貨運系統、海關、假文件、政府設施、黨的審批程序等），顯示這些行動受到官方支持。
- 中共對龐大情報收集行動的鬆散協調，導致目標重複、任務交叉的情況時有發生。

因此，我們可以說，「千沙理論」目前依然站得住腳。

間諜手法

儘管情報技術不斷變化，美國政府機構仍成功瓦解了多起行動，甚至對中共國安部實施了反制雙面間諜操作。歐洲、俄羅斯、日本與韓國也在反制中國間諜方面取得一定成效。FBI 在反制中國情報行動上的成功，清楚顯示出中共國安部在作戰安全與線民驗證方面的缺陷與弱點。(198) 儘管在「唐元雋案」中出現了使用測謊的情節，顯示出作戰安全方面可能正有所調整。截至目前，美國執法部門的應對措施已產出大量證據，包含：錄影畫面、對話錄音，以及大量逮捕與定罪案件。

不只是 FBI，過去五年中，英國、法國、德國、比利時、波蘭、日本與澳洲的反情報與執法機關，也成功破獲多起中國的間諜與影響力滲透行動。在美國，國土安全部也成功阻止了中國試圖非法出口美國軍事與雙重用途技術的多起案例。

在「姚俊威」與「彭學華」兩個案例中所展示的情報手法，加上中共官方對美國邊境安全作業的公開警告，表明中共正試圖減少情報人員在出入境時的風險。例如：前休士頓總領事蔡偉與兩名中國外交官曾在喬治布希國際機場，使用偽造的出生證明，護送中國學生走入飛機停機坪、登上中國國航的包機。(199) 至於為什麼中國的高級外交人員需要

偽造身分文件,則仍不清楚。

國安部整體表現平平,尤其是在作業安全、內部監督與個案管理方面的缺陷,可能與其內部訓練、組織結構與作業流程薄弱有關。省級國安單位似乎缺乏來自中央的具體指導或管控。這一點從下列情況可見一斑:中國國安部在全球各地的情報行動,在情報技術與目標選擇上表現出極大的差異與疊床架屋。此外,為國安部工作的外包駭客團隊多為省級國安局指派,幾乎各自為政,缺乏高層協調。省市級國安單位主要針對轄區內的外籍人士進行情報收集。這種以地區劃分職責的方式,也進一步說明了為何中共情報行動缺乏一致性與協調性。

中共黨國體制下,情報系統的高度政治化,亦導致整體品質與紀律水準低落。歷史上,情報機構多次遭到中共清洗,這種政治高壓使得情報官員更傾向於迎合黨的預設立場,而非報告真實情況。在這樣的環境下,情報分析員若提出違反官方論述的資料,反而會面臨風險。更嚴重的是,中共的「政法委領導小組」對國安人員的升遷有決定性影響,使得整個情報體系難以維持誠信與專業。

由於這些限制,國安部的整體表現在未來短期內不太可能大幅改善。雖然從過去二十年的情報行動來看,國安部的目標鎖定、招募能力與行動靈活性(如:網路與人力情報結合的應用)已有明顯進步,尤其在作戰安全意識方面亦略有

提升。然而,該機構整體仍持續受限於:政治化、標準化不足、作業安全薄弱、缺乏監管,以及省級層面目標重疊等結構性問題。

本分析也揭示了幾個重要觀察點:私人企業是最可能完全不使用或僅使用最低限度間諜技術。在這些情報蒐集行動中,幾乎未採取任何間諜手法或僅採用最低限度的手法。這樣的情況屬於預期之中,因為這類案例通常不涉及專業情報人員(無論是行動幹員或被招募的線民)。

這些商業間諜案件通常可歸類為兩種類型:

- 中華人民共和國企業或個人透過在美國或第三國(如英國、新加坡、香港、德國)設立的空殼公司所從事的出口違規行為。其過程包括:對製造商或銷售商謊報產品最終用途、未提交或提交虛假運輸文件,以及對商品進行錯誤標示(例如零件編號),以欺騙海關人員。
- 個人以內部威脅身分滲透外國公司、學術機構或研究機構,竊取研究成果、智慧財產與商業機密。在利用企業內部人員的案件中,所使用的間諜手法有極大差異。大多數不使用或僅使用最低限度手法的案例,發生在內部人員宣布計畫永久返回中國的前幾個月。(200)

國有企業的間諜活動在所使用的間諜手法方面也顯示

出極大的差異性。個別案件中揭露的行動細節顯示，這種現象的原因可能包括以下幾個因素：

- 被選來蒐集外國技術的個人，其技術知識差異極大。
- 對於情報幹員或被招募人員，缺乏標準化（或極可能是根本沒有）的訓練機制。
- 不同國企之間的差異。
- 所針對的間諜目標變化多端，涵蓋軍事、太空、雙重用途、能源、生物醫療與製造業等產業。

然而，在國有企業所使用的間諜手法中，有一項是一致的特徵：它們比起民營企業更重視維持作業安全，並採用較高程度的情報技術手法。這可能是因為參與這類行動的大型軍工相關國企，更受到中國共產黨的嚴密控制。[201] 這種嚴密控制包括由中共中央組織部進行人事管理，以及設置黨委內部機制來監督企業運作。與民營企業相比，國有企業更常使用假名、偽造文件與第三方人士來掩蓋非法行為（共計 54 起案件）。它們也使用商業加密技術，並選擇在中國境內召開會議（共計 24 起案例）以避免被偵測。

中國間諜技術的演變

中國國安部在間諜行動上的一個顯著變化，就是其目標選定與招募過程的改變。[42]2023 年 8 月，英國軍情五處（MI5）局長肯・麥卡倫爵士（Sir Ken McCallum）透露，中國國安部曾在線上接觸超過兩萬名英國公民，試圖招募他們提供機密資訊。透過 LinkedIn 進行招募接觸，已成為中國國安部的標準行動模式。2018 年，《費加洛報》（*Le Figaro*）引用一份法國情報報告指出，中國國安部曾透過 LinkedIn 接觸約 4,000 名法國人，(202) 其中 1,700 人受僱於或直接參與國家級機構工作。德國也披露，有超過一萬名德國公民被中國國安部接觸。

就如同姚俊威案，這些招募接觸起初通常很隱晦，可能是提供有酬顧問機會、免費商務旅行到中國，或其他金錢誘因。一旦目標提供了資料，中方便會不斷施壓要求提

| 42 請注意，此段內容僅針對國安部，而非整個中國情報收集體系。

供未公開資料。2017 年,德國聯邦憲法保護局(BfV)報告指出,中國國安部已識別出 10,000 名德國人為潛在目標,其中有 5% 為其特別關注對象。(203) 在美國,至少有三名現職或前任情報官員是透過社交媒體被國安部招募的,[43] 另有至少 400 名持有安全許可的個人被列為關注對象。

雖然許多國家的情報機構皆會利用 LinkedIn 與其他社群平台作為招募工具,但中共國安部的特徵是大規模且高頻次的目標接觸與操作行為。透過社交媒體作為情報行動的一環,國安部可達成以下幾個目標:

- 辨識出擁有安全許可證的人員,了解其財務狀況、個人喜好、政治立場、關聯組織、聯絡資訊,以及其在商業、國防、科學與情報領域的專業人脈網絡。
- 獲取機構的組織架構、部門分工、職務與責任資訊。
- 利用社交平台散布惡意文件(如:申請表、合約文件等),藉以植入病毒達到間諜目的。

間諜行動的特徵

近五年來,中國國安部的行動間諜技術已大幅演進。這

---

43 這包括凱文・馬勒里、舒茲(Korbein Schultz)、趙文衡,以及一件機密案件。

種技術上的轉變，部分是對西方反情報與安全機構所施加壓力的回應。這些新的目標鎖定與行動技術，以及行為模式，主要限於美國、歐洲與台灣的情報收集活動。[44] 也就是說，目前沒有公開證據顯示這些演變後的技術已在全球廣泛應用。

國安部與解放軍在亞洲地區的行動技術近年似乎並未改變，目前也缺乏其他地區的足夠資料可做判斷。在敏感個案中，國安部會使用專門軟體或網站進行作業安全管理。從招募一名線民開始，到其提供敏感或機密資訊之間的過程中，行動技術逐步遞進。自 2017 年起，已出現三個階段的行動通訊技術：

- 社交媒體階段：在正式招募前，對象通常透過社交媒體進行管理。例如被要求撰寫一篇未涉機密的初步報告。
- 商業加密階段：當線民開始回報情報，但程度尚不構成高度風險時，國安部使用此階段的技術。常用的通訊工具是 WeChat（中國）與 Telegram（俄羅斯），兩者皆非美國產品，因而不受美國或其他外國執法機關的搜索令約束。
- 專用加密階段：當線民開始提供敏感或機密情報時，國安部就會使用客製化加密通訊軟體與專屬網站，並啟動全面

---

[44] 近年來，國安部和解放軍在亞洲的情報手法似乎沒有變化。至於對世界其他地區的情報收集行動，資料有限，難以下定論。

作業安全措施,線民此時被視為已完全招募。

進行經濟間諜活動的國安部線民多停留在第二階段,主要使用商業加密通訊軟體,並定期前往中國。這種行為模式多出現在海外華人及與中國有深厚商業關係的人士之中。他們與中國的關係,成為使用 WeChat 等通訊軟體以及經常赴中旅行的正當理由。這種模式亦可見於國企與私營公司,但許多案例中的技術甚至更為原始與不安全。原因在於申請中國人才計畫或進行商業往來時,通常必須使用開放的商業電子郵件帳戶。例如,申請中國的「千人計畫」(現已改名)者,通常需透過一般郵件系統與中方聯繫。進行非法技術出口者也多依賴非加密郵件工具進行交易。

透過社交媒體進行招募的實例包含:LinkedIn、Facebook、Discord。LinkedIn 特別常見,因為它能提供受害者的背景資訊,包括職業、教育程度、專業領域、安全許可等級等。

自 2020 年以來,國安部開始鎖定年輕的軍事人員,目標族群多為二十多歲至三十多歲之間。他們被透過線上通訊進行目標識別、招募與管理。這對國安部而言是成本效益極高的方式,並可結合 AI 或其他行銷類演算法輔助作業。LinkedIn 的付費訂閱版本即提供目標對象的精準分析功能。

透過社交平台的招募手法,通常會先要求提供履歷,藉此判斷其職位與接觸機密的能力。例如,姚俊威即是透過

LinkedIn 為國安部蒐集了 約 400 份履歷。其他案例中，國安部也會要求填寫個人資訊表格，詢問被招募者的工作背景與政治觀點，這些資訊會用於規畫未來的蒐情方向。

近年來透過線上招募進行間諜活動的主要動機是金錢。這對年輕的軍事人員尤其有效。例如，美國陸軍中士舒茲（Korbein Schultz）有現任與前任配偶、數名子女，且嗜好是賽車。[45] 這些開銷導致他在 2022 年 9 月雖收了中國情報人員 4 萬美元，仍無力償還貸款，房產遭到法拍。

國安部通常會在招募初期，請對方撰寫一篇未涉機密的背景簡報。隨著關係發展，會逐步要求提供「未公開」資料。大多數對話紀錄顯示，國安部情報官非常積極地要求受試者提供更敏感的資訊，而金錢就是鼓勵對方配合的手段。國安部處理人員之間的通訊內容往往也明言：若要更多金錢，就必須提供未公開資訊。

最常使用的招募掩護，是假冒智庫身分。國安部曾多次假借美國與外國智庫或大學的名義來招募人員。美國被冒用過的機構包括哈佛大學與大西洋理事會（Atlantic Council）。[204] 國安部也使用位於中國、日本與歐洲的智庫作為掩護。2024 年底，一名美國前國安政策顧問疑似遭到國安部透過 LinkedIn 招募，對方自稱與大西洋理事會成員共事。然而查證後，這些所謂成員實際上與該理事會毫無關

---

45 舒茲有一個以賽車為主題的 Facebook 群組。

聯，連電郵地址的拼字也有錯誤。(205)

情報員的操控方式

隨著中國國安部現在越來越多地使用線上招募與操控，支付線民的方式也必須隨之調整。當線民是以線上方式被操控時，國安部會透過加密貨幣、PayPal、幣安（Binance）與比特幣等平台支付報酬。

國安部最近開始鼓勵被招募的線民使用手機進行情報收集。手機被用來複製敏感與機密文件，或拍攝軍事設備的照片。

自 2021 年起，國安部開始提供個人化加密軟體與手機給特定線民。他們最早從 2016 年、在操作伊凡納時就開始這種作法，2017 年又用於前 CIA 幹員馬勒里的招募案中。然而，馬勒里案中的加密軟體失效，導致他遭逮捕並定罪。在數起 2020 年後的案件中，國安部提供線民安全網站，用來上傳文件與照片。

在數起最新的間諜案中，國安部指示線民購買一支專門用於祕密任務的新手機。[46] 國安部總是承諾會為此買單。在中士舒茲的案例中，他雖然收下錢，但從未實際購買該手機。

| 46 請參見趙文衡、Patrick Wei（涉嫌）、Korbein Schultz、Ron Hansen。

關於如何使用這支祕密任務手機的進一步指示包括，禁止在美國政府或軍方提供的 Wi-Fi 網路範圍內使用此手機。國安部幹員指示舒茲不得在離這些 Wi-Fi 網路五公里內啟用手機。要求線民使用匿名 SIM 卡

　　國安部也指示線民，在這些行動手機上不得使用任何形式的個人生物辨識或安全驗證機制（如指紋或臉部辨識）。國安部經常提醒線民銷毀所有通訊紀錄與收集資料，並禁止書面筆記或對任何人提及其祕密身分與合作關係。根據 FBI 的刑事訴狀，Patrick Wei 曾無意中向另一名水手提到有人試圖招募他，這成為他被通報給執法機構的起點。

　　國安部指示線民拍攝機密文件的照片，而非掃描。推測原因是商用掃描軟體會保留掃描紀錄，或可被供應商存取。至少在一件案例中，國安部指示線民上鎖加密文件後再傳送。在國安部與中國外交部共同維護的駐華盛頓大使館網站上，也會提醒中國公民（特別是學生）：在通過美國邊境前，刪除手機內所有資訊。(206)

　　拍攝電腦螢幕或軍事裝備的照片對線民而言風險很高，因為存有機密資訊的電腦通常位於安全室或高控管設施內。若被查出帶手機進入此類區域，將面臨嚴重後果。

　　國安部給予的指示中一個有趣之處在於，他們偏好獲得原始文件的複本。國安部幹員通常要求收集具有「機密等級標示」的文件影本，這些原始資料遠比線民憑記憶撰寫的

筆記更受青睞。對於年輕或教育程度較低的現役軍人來說，撰寫精確報告的能力有限。國安部幹員會比對線民提供的內容與網路資料，若發現抄襲，會減少報酬並通知線民其行為已被察覺。

國安部也鼓勵退休情報幹員恢復接觸機密資訊的權限。此外，線民也會被要求協助發掘更多潛在目標，這些人必須具備「職位與管道」（placement and access），能取得國安部所需資訊。這種滲透他人後再延伸招募網絡的作法，已成為近年標準程序。[47] 初期通常會使用「撰寫非機密背景報告」作為掩護，逐步靠近目標。

2024 年 8 月，國安部首次公開承認對「投誠」（Walk-In）線民使用測謊儀。[48] 該測謊測試針對唐元雋，在他赴中國的兩次訪問中施行。

國安部常用以下商業加密通訊工具與線民聯繫：Ant Messenger、WeChat（微信）、Telegram。公安部也會使用 WeChat 與 Potato Chat。(207) 國安部偏好使用 WeChat 與 Telegram，因為這兩款通訊工具提供端對端加密，而且是由中國與俄羅斯開發，不會配合他國法院的資料調閱令。

類似的間諜手法也已在近期針對國家安全的祕密行動中變得顯而易見（請見圖 27）。

---

47 先前討論過的案例包括馬尼亞克、穆措、Wei 等。
48 在情報術語中，Walk-In 是指主動接觸外國情報機構並自願提供服務的人。

✚ 圖 27：間諜手法特點比較

人力資源	招募	掩護	任務分配與控制	祕密通信	資料來源
凱文・馬勒里/中情局	線上	智庫	線上、中國	中國會面、特殊通訊	
趙文衡/海軍	線上	智庫	線上	加密商業通訊	
姚俊威/學者	於中國線上招募	智庫、受雇	線上、中國、通訊	中國會面、加密軟體	
慕潔/律師	當面	智庫	線上、中國	加密商業通訊	
派翠克魏/海軍	線上	智庫	線上	加密商業、特殊通訊	
XXXXXXX	線上	智庫	線上	加密商業通訊	
舒茲/陸軍	線上	機構研究員	線上	加密商業通訊	

■ COPYRIGHT©SHINOBI ENTERPRISES, LLC, 2020

中國間諜活動的全球影響

　　中國的全球間諜活動對不同國家的影響依各國的科技水準、商業利益以及安全優先事項而有所不同。在美國，中國間諜行動主要造成以下三個層面的影響：

- 對美國經濟的影響，包括就業流失、市場占有率下降、遭仿冒與盜版的實體商品損失，以及軟體盜版損失。
- 對國家安全的影響，特別是南海航行自由遭限制，以及中國發展先進武器以削弱美國投射軍力的能力。
- 削弱美國全球外交與影響力。

經濟影響

　　要全面計算中國間諜行動對任何一國經濟造成的總體影響是困難，甚至是不可能的。要做到這點，必須清楚知

道中國成功的間諜活動全貌，才能推估其對全球市場占有率所造成的實質損失。然而，估算因間諜行為導致的智慧財產（IP）竊取影響，則相對可行。

2016 年，經濟合作暨發展組織（OECD）與歐盟智慧財產權局根據 2013 年全球查緝的資料計算，發現全球 63% 的盜版商品來自中國。[208] 根據美國智慧財竊取調查委員會（The Commission on the Theft of American Intellectual Property）於 2017 年 2 月更新的報告，該比例被估算為 70%。[209] 若計入香港，中國與香港合計約占全球仿冒品查獲量的 87%。2019 年，全球每年因智慧財產遭竊所造成的經濟損失估計超過 6,000 億美元。截至 2024 年，這一數字接近 1 兆美元。就犯罪收益來說，智慧財產竊盜的規模幾乎是全球毒品貿易的兩倍。

根據查緝統計，在歐盟查獲的仿冒商品中，有 82% 被認為來自中國。在加拿大為 80%。在美國為 76%（若加上香港則達 87%）。美國每年因中國竊取智慧財產造成的損失，估計高達 5,000 億美元。

中國竊取智慧財產與製造仿冒品，導致美國企業面臨不公平競爭。中國竊取的商業機密與製造流程資訊，使其得以生產多種工業產品，導致美國產業萎縮，包括太陽能面板、風力發電控制軟體、鋼鐵製造、自駕車、半導體晶片。這些產業能力的下降，導致美國流失至少 200 萬個工作機會。

此外，來自中國的仿冒汽車、飛機與工業零件品質通常不達標準，大幅提高了美國消費者與產業面臨的安全風險。

竊取外國企業智慧財產、製造仿冒品的行為，支撐了中國的經濟發展戰略。根據美國參議院報告，此類行為約占中國 GDP 的 8%，因此北京當局缺乏終止此行為的動機。許多在中國營運的外國企業反映，北京將挪用外國創新成果視為發展本土科技與生產力的政策手段之一。

國家安全影響

對美國國安規畫人員而言，最重要的影響是失去軍事技術上的優勢。中國在武器系統方面的進展，包括自動化機器人、航空電子、極音速技術與海軍系統，部分是基於從美國與其某些盟國竊取的技術所發展出來的。這場規模龐大、持續進行的間諜行動，加上二十年來國防預算的持續擴張，使得中國的解放軍海空軍在東南亞地區取得了相當程度的戰力投射能力。中國解放軍海軍已經達成對其鄰國的反介入與區域拒止（Anti-Access and Area Denial, A2/AD）能力，這些鄰國同樣對南海與東海的領土提出主權主張。(210)

中國間諜行動中最重要的目標之一是美國的太空能力。多起非法出口案件顯示，中國展開了聚焦且積極的情報蒐集行動，其目標涵蓋：先進太空光學技術、感測器、低溫冷卻

器（cryogenic coolers）、複合材料、引擎設計、製造技術、軟體系統。這些情報蒐集目標，以及其他數十項技術需求，在中國官方文件中皆有明列，例如《中國製造2025》以及《中國太空科技：2050年路線圖》。中國的國防規畫者認為，掌控太空是削弱美軍在南海地區戰力投射能力的關鍵。此外，隨著中國人民解放軍海軍發展成具備遠洋作戰能力，其必須擁有超視距的通訊與目標指引能力，而這就需要其具備自身的國家安全太空能力。

為了強化太空領域的國防實力，解放軍在2015年成立了戰略支援部隊（Strategic Support Force），統合其網路作戰、太空戰與電子戰部門。中國在太空與反太空作戰能力上迅速成長，正在侵蝕美國在這個競爭激烈、擁擠且具爭議性的空間領域上的優勢。這一點尤其重要，因為美國在以下領域高度依賴太空能力，包括通訊、經濟實力、關鍵基礎建設的安全與韌性、全球軍力投射。[211]

中國透過間諜活動增強其戰力投射能力，對整個亞洲地緣政治局勢產生重大影響。隨著中國的攻擊性軍力逐步成長，其外交政策也變得更加強硬與具脅迫性，正在改變區域內的權力平衡。中國現在已具備實際能力，並確實已經在東亞與東南亞地區，為維護其領土主張，進行脅迫、威脅，甚至動用軍事力量。

結語思考

　　以下段落包含幾點觀察與建議,關於美國應如何應對中國「舉國體制」的間諜策略。說實話,我不太喜歡那些自以為能提出對策的情報官員。他們的專業是情報,並非外交政策、經濟政策、軍事戰略、作戰行動或美國產業基礎等等。不過,我同時也是一位大學教授,因此我將稍稍越界,提出我對美國如何改善(目前這樣的)反制中國間諜策略的一些想法。

　　中國在全球範圍內的間諜與顛覆活動,對美國的經濟、外交影響力及軍事能力造成了負面衝擊。這種衝擊在許多西方民主國家中同樣明顯。這些行動的數量龐大,遠超西方國家的執法與反情報能力所能負荷。如本書前言所提,目前我們根本無從得知中國間諜行動的總體規模,但可以合理推估,活躍中的案件至少數以千計,甚至可能達到上萬。

如本書所示,中國海外情報收集的主要目標(以案件數量評估)為:美國、歐洲、日本與台灣的商業與軍事技術及商業機密。(212) 這也代表,商業企業、研究機構與大學是中國情報機構最主要的對象,亦是最容易滲透的脆弱環節。

此外,北京也投入相當多資源,針對海外異議分子與華人僑民社群進行間諜活動。中國的情報目標也包括美國關鍵基礎設施的各組成部分,儘管後者正在逐步提升自身的安全與韌性。

美國的安全機構,包括情報界,目前在保護政府資訊上表現良好,但在協助企業保護商業機密方面仍有欠缺。其他科技先進的民主國家(包括日本)也面臨同樣問題。而這些企業與研究單位,卻正是中國情報機構最重要的收集目標,且通常也是最容易被滲透的對象。

在美國,國土安全部、FBI 與民間產業正領導對中國大規模情報行動的反制工作。這些單位確實在防堵北京的行動上做得不錯,但還遠遠不夠。目前美國政府與企業所採取的策略,仍偏向於逐案阻止個別間諜事件。一個常被忽略的重要角色是商務部(DOC)轄下的工業安全局(BIS),它負責監督雙重用途技術出口的合規性,這正是中國情報行動的主要目標之一。而 BIS 全球只有 121 位特別探員(負責執法)來對抗中國的情報收集工作;相較之下,FBI 與國土安全部合計擁有超過 18,000 名特別探員。(213)

自 2018 年以來，FBI 在支援產業界與學術界方面已取得進展。DHS、BIS 與國防部也積極打擊非法軍事科技出口及科研資料的竊取行為。然而 FBI 局長克里斯多福‧雷（Christopher Wray）已多次公開表示，FBI 平均每 12 小時就開啟一件與中國間諜行動有關的新案件。[214] 換言之，FBI 每年平均處理 730 件與中國有關的間諜案件，分配至全美 56 個分局。而一件案子可能需時數月乃至數年，顯示 FBI 的案件量早已積壓數千起以上。其他執法與反情報機構也面臨類似壓力。

總體來說，中國的間諜活動已被證實有效地促進了中國的經濟發展、軍事現代化，以及壓制海外反對中共的聲音。但目前 FBI 的應對方式尚未構成足以取勝的策略。其他政府機構與國會兩黨合作將是維護國家安全與經濟安全的必要條件。

成功遏止中國情報行動，將取決於以下六大因素：

- 美國執法與情報單位是否能調整組織文化，轉而支援民間產業、學界與各州政府。
- 整合政府、盟國、學界與產業界資源，制定國家級的戰略行動計畫，以反制中國的情報與滲透行動。
- 國會立法，對中共、中資企業與個人施加更多代價（如：簽證限制、制裁、禁飛、投資限制、大學合作管控等）。

- 民間企業是否願意提升內部安全機制與「內部威脅監控機制」，超越最低法規要求。
- 國會與總統是否願意把國安風險納入美中經濟投資政策的首要考量。
- 透過行政命令與立法，強化民間產業的內部監控能力，並使企業對其資料安全負責。

　　正如本書所詳述的，中國的「舉國體制」式間諜行動，在針對各國政府與民間產業機構方面，已取得相當成功。美國及其盟邦必須制定一項整合戰略，以挫敗中國的間諜行動（包括網路間諜行動）。自由世界必須對中國針對外國企業與經濟的攻擊行為加以懲罰。截至目前為止，中國已竊取數兆美元的科研成果、技術與商業機密。目前以防禦為主的姿態，無法遏止中國持續竊取智慧財產與商業機密的行動。西方的回應策略仍停留在加強防禦層面，這最終只是讓消費者承擔更多成本。

　　外國企業不能被期望在沒有政府支援的情況下單獨對抗中共。若拒絕配合中共對技術讓渡的要求，或不支持其公開與隱蔽的影響操作，那麼這些企業可能會因為經濟利益壓力而違背美國的國家安全利益。這類情況在聯邦與州政府層級皆有發生。同時，外國企業與學術機構也因中共施壓而進行自我審查，甚至淪為配合中共宣傳的工具。

與之相比，歐洲國家、印度與日本在抑制中國情報活動方面的作為相對有限。但近年在英國、德國、法國、比利時、愛沙尼亞與波蘭等國發生的多起間諜逮捕案，說明這些國家正開始積極反制中國的全球情報網絡。此外，隨著法國、英國與德國政府針對中國的侵略性間諜行動、人權問題、新冠應對與貿易威脅發表公開聲明，中國的國際形象正迅速惡化。

　　美國比其他國家更有能力應對中國的情報收集與滲透行動。美國擁有龐大的國安與國土安全資源，並設有聯邦與州層級的法律來保護本國利益。然而，中國所採取的舉國式情報行動模式，使得受害國家必須採取更具戰略性的回應。僅靠抓捕間諜，不可能解決問題。唯有跨國聯盟的協調合作，才能迫使中共的行為符合國際規範，並真正遏止中國的舉國間諜行動體系。

參考資料

(1) (2019, January). SUMMARY OF MAJOR U.S. EXPORT ENFORCEMENT, ECONOMIC ESPIONAGE, AND SANCTIONS-RELATED CRIMINAL CASES (January 2016 to the present: updated January 2019). Retrieved from https://www.justice.gov/nsd/page/file/1044446/download

(2) (2018, July Retrieved from https://www.odni.gov/index.php/ncsc-newsroom/item/1889-2018-foreign-economic-espionage-in-cyberspace26). NCSC Releases 2018 Foreign Economic Espionage in Cyberspace Report.

(3) 請注意，以下所列為美國法律。由於此資料庫具有全球性，故需對所有國家的資料進行標準化處理。

1. 傳統間諜活動（美國法典第 18 編第 792 至 799 條）：指透過間諜活動或使用間諜取得外國政府計畫和活動的資訊。

2. 1996 年《經濟間諜法》：指竊取商業機密，包括意圖使外國實體受益，或至少明知該犯罪行為將導致該結果。

3. 非法出口：這類法令包括《出口管制條例》（EAR）、《國際武器貿易條例》（ITAR）和《國際緊急經濟權力法》（IEEPA）。這些文件均授權總統因應威脅而監管國際貿易。

4. 祕密行動：美國《外國代理人登記法》（美國法典第 18 編第 951 條）要求以「政治或準政治身分」代表外國利益的代理人必須揭露其與外國政府的關係以及其活動和財務狀況。「祕密行動」是指在未揭露的情況下進行此類活動，旨在製造政治效果，隱瞞資助者的身分或使其看似合理的否認成為可能。

(4) Bloomberg Quick Takes "What we Know About China's Spy Agency", Karen Leigh, Bloomberg Editor. Jan 19, 2019, 2:00 minutes. https://www.youtube.com/watch?v=-l6N1XdtUBM

(5) (2015, July 2). China Enacts New National Security Law. Retrieved from https://www.cov.com/~/media/files/corporate/publications/2015/06/china_passes_new_national_security_law.pdf

(6) (2015, July 2). China Enacts New National Security Law. Retrieved from https://www.cov.com/~/media/files/corporate/publications/2015/06/china_passes_new_national_security_law.pdf

(7) (2017, June 27). National Intelligence Law of the People's Republic of China (Adopted at the 28th meeting of the Standing Committee of the 12th National People's Congress on June 27, 2017). Retrieved from http://cs.brown.edu/courses/csci1800/sources/2017_PRC_NationalIntelligenceLaw.pdf

(8) (2017, December 9). Detailed Regulations for the PRC Counterespionage Law (Rush Translation). Retrieved from https://www.madeirasecurity.com/detailed-regulations-for-the-prc-counterespionage-law-rush-translation/

(9) 中華人民共和國《國家情報法》第 7 條：該法於 2017 年 6 月 27 日，在第十二屆全國人民代表大會常務委員會第二十八次會議上通過；並於 2018 年 4 月 27 日，經第十三屆全國人民代表大會常務委員會第二次會議審議通過的《關於修改〈中華人民共和國國境衛生檢疫法〉等五部法律的決定》修訂。 https://www.chinalawtranslate.com/en/national-intelligence-law-of-the-p-r-c-2017/#:~:text=Article%203:%20The%20State%20is,is%20scientific%20and%20highly%20effective

(10) 我訪問了幾位外交官以及在中國的企業高層，針對 2023 年更新

的《反間諜法》表達看法。所有受訪者均表示擔憂，並指出他們在中國的當地員工也普遍感到憂慮。必須考慮到，中國並沒有獨立的司法體系。中國的法院體系受中國共產黨控制。無論法律條文為何，中國政府在間諜案件中於法院敗訴的可能性極低。

(11) Chinese Intelligence Operations, Eftimiades, Nicholas New York, NY; Taylor & Francis, 2016. ©1994, p 17

(12) (n.d.). Ministry of National Defense, People's Republic of China. Retrieved from http://eng.mod.gov.cn/cmc/index.htm

(13) Mattis, P. (2017, March 3). China Reorients Strategic Military Intelligence. Retrieved from https://www.janes.com/images/assets/484/68484/China_ reorients_strategic_military_intelligence_edit.pdf

(14) Brødsgaard, K. E. (2018, March 5). Can China Keep Controlling Its SOEs? Retrieved from https://thediplomat.com/2018/03/can-china-keep-controlling-its-soes/

(15) (2018, July 20). Communist Party the top boss of China's state firms, Xi Jinping asserts in rare meeting. Retrieved from https://www.scmp.com/news/china/economy/article/2027407/communist-party-top-boss-chinas-state-firms-xi-jinping-asserts

(16) Eftimiades, N. (2018, November 29). Uncovering Chinese Espionage in the US. Retrieved from https://thediplomat.com/2018/11/uncovering-chinese-espionage-in-the-us/

(17) Eftimiades, N. (2018, November 29). Uncovering Chinese Espionage in the US. Retrieved from https://thediplomat.com/2018/11/uncovering-chinese-espionage-in-the-us/

(18) Phone interview, my book, and web page.

(19) 星號（*）標註的是「國防七子」高校，這些學校曾在美國法院

文件中被點名涉及間諜活動或出口違規案件。

(20) 中國的大學曾在美國的刑事起訴書與刑事訴狀中被點名。涉及程度不一，從積極參與到僅為已知關聯都有，主要針對在該校任職的教授。

(21) 已知或推定中國解放軍為最終使用者的案件──例如，若一項武器系統（如 TOW 反坦克系統：管射、光學追蹤、無線導引武器系統）被非法運送至中國，則通常推定解放軍為最終使用者或「客戶」。

(22) 「中國／其他」所指的是中國的大學、研究機構、統戰部，以及其他中國政府與中國共產黨機構。

(23) See United States vs. Donfang "Greg" Chung, Case 8:08-cr-00024-CJC, 07/12/2009, p 8. https://fas.org/irp/ops/ci/chung071609.pdf; and United States vs. Xu and Yanjun, (Pending) Case: 1:18-cr-00043-TSB, 04/04/2018, https://www.justice.gov/opa/press-release/file/1099876/download

(24) Niva Yau and Dirk van der Kley. 2020. 'The Growth, Adaptation and Limitations of Chinese Private Security Companies in Central Asia,' The Oxus Society for Central Asian Affairs, https://oxussociety.org/the-growth-adaptation-and-limitations-of-chinese-private-security-companies-in-central-asia/

(25) Niva Yau and Dirk van der Kley. 2020. 'The Growth, Adaptation and Limitations of Chinese Private Security Companies in Central Asia,' The Oxus Society for Central Asian Affairs, https://oxussociety.org/the-growth-adaptation-and-limitations-of-chinese-private-security-companies-in-central-asia/

(26) The "Regulations on the Administration of Security Services, People's Republic of China State Council Decree, No. 564. Beijing,

PRC, January 1, 2010.
Premier Wen Jiabao. https://www.gov.cn/zwgk/2009-10/19/content_1443395.htm

(27) Statt, Nick. "China Denies Claims It Built Backdoors into African Union's Headquarters for Spying." *The Verge*, 29 Jan. 2018, www.theverge.com/2018/1/29/16946802/china-african-union-spying-hq-cybersecurity-computers-backdoors-espionage.

(28) 這些是我在一系列電話交談中，從非洲政府官員以及研究「一帶一路倡議」的學者那裡聽到的想法（2022 年、2023 年）。

(29) State Council of the People's Republic of China. https://english.www.gov.cn/statecouncil/ministries/202204/08/content_WS624f8b01c6d02e5335328eac.html, April 8, 2022, 09:08.

(30) "Patrol and Persuade - a Follow up on 110 Overseas Investigation." Safeguard Defenders, 2 May 2024, safeguarddefenders.com/en/blog/patrol-and-persuade-follow-110-overseas-investigation.

(31) Operation Fox Hunt: How China Exports Repression Using a Network of .... https://www.propublica.org/article/operation-fox-hunt-how-china-exports-repression-using-a-network-of-spies-hidden-in-plain-sight.

(32) Global Times. "Ministry of Public Security launches nationwide Fox Hunt 2024 campaign to repatriate economic fugitives fled abroad." 23 April 2024. https://www.globaltimes.cn/page/202404/1311098.shtml, Accessed 7 December 2024.

(33) 這項統計數據可能有幾個原因，包括台灣在反情報上的積極作為（揭露更多案件）、與中國大陸的地理接近性、由於語言相通而使情報收集行動更容易，以及密切的文化與商業關係。

(34) 在若干案例中，非法行為發生於全國多個地點，或是在其他國家

發生。在這些情況下,地圖上的標示位置是根據目標所在地,或是檢方提起訴訟的地點而定。

(35) Lubold, Gordon, et al. "WSJ News Exclusive | Chinese Gate-Crashers at U.S. Bases Spark Espionage Concerns." *Wall Street Journal*, 2023, www.wsj.com/politics/national-security/chinese-gate-crashers-at-u-s-bases-spark-espionage-concerns-cdef8187

(36) Congressional Committee on Oversight and Accountability, Comer & Grothman, "Probe Reports of Chinese Espionage Efforts Targeting U.S. Military Bases." Oct 2, 2023. https://oversight.house.gov/release/comer-grothman-probe-reports-of-chinese-espionage-efforts-targeting-u-s-military-bases%EF%BF%BC/

(37) Joske, Alex. "Hunting the Phoenix." ASPI, Australian Strategic Policy Institute, 20 Aug. 2020, www.aspi.org.au/report/hunting-phoenix.

(38) Wall Street Journal, https://www.wsj.com/articles/how-china-targets-scientists-via-global-network-of-recruiting-stations-11597915803?mod=hp_lead_pos7

(39) 透過國務院科技與國防祕書辦公室,有一套正式機制可將與技術相關的情報蒐集目標指派給國安部和解放軍。提供這些職能資訊的消息來源,是一位曾任中國外交部官員,且曾與上述辦公室密切合作的人士。

(40) 2015, July 25. Made in China 2025. Retrieved from http://www.cittadellascienza.it/cina/wp-content/uploads/2017/02/IoT-ONE-Made-in-China-2025.pdf

(41) For example, United States vs. Stephen Subin; and United States vs. Yanjun Xu.

(42) Ibid.

(43) John Costello and Joe McReynolds, "China's Strategic Support Force: A Force for a New Era." China Strategic Perspectives 13 (NDU Press: Washington, D.C.), pp. 35-44.

(44) "The Strategic Support Force and the Future of Chinese Information Operations" Elsa B. Kania, John K. Costello, The Cyber Defense Review, pp. 107. https://cyberdefensereview.army.mil/Portals/6/Documents/CDR%20Journal%20Articles/The%20Strategic%20Support%20Force_ Kania_Costello.pdf

(45) 如果是考量各國政府的間諜行為，則共有 122 起案例。

(46) See: United States vs. Hongjin Tan Case 18-MJ-179-JFJ; Weibao Wang Case 3:23-cr-00104-TLT; Xiaolang Zhang Case 5:18-mj-70919-MRGD; and Klaus Pflugbeil, Case 1:24-mj-00226-PK.

(47) FBI Special Agent Sara Shalowitz. Affidavit in support of Criminal Complaint., Case 4:24-mj-00003-LRL 18 January 2024. Clerk, US District Court, Norfolk, VA.

(48) Ibid. pp. 9, 10.

(49) "X.Com." X (Formerly Twitter), May 2024, x.com/clashreport/status/1774012817835774292.

(50) FBI Special Agent Caroline Colpoys, Criminal Complaint. United States of America vs. Zhekai Xu, Renxiang Guan, Haoming Zhu, Jingzhe Tao, Yi Liang. Case 2:24-mj-30419-DUTY. 10/01/2024. Eastern District of Michigan.

(51) Eftimiades, N. (2023, February 16). What China Might Have Been Up to With the Balloon Mission. Time. https://time.com/6254318/chinese-balloon-spy-equipment-antennas/

(52) Hudson, John; Nakashima, Ellen; Lamothe, Dan (February 9, 2023). "U.S. declassifies balloon intelligence, calls out China for spying".

The Washington Post. Archived from the original on February 10, 2023. Retrieved February 9, 2023.

(53) https://www.vermilionchina.com/p/the-chinese-soldier-trained-by-americans?fbclid=IwAR1rnUQhlEy_Mxmcm3YaoEg4iYvWE7N%20tQQALfndTu9wdftCnGetuSMLuxZc

(54) China,vs.(n.d.). The Chinese Soldier Trained By Americans to Kill Americans. Retrieved July 19, 2024, from https://www.vermilionchina.com/p/the-chinese-soldier-trained-by-americans

(55) Chinese social media platform Weibo. Reman, diDevil, Accessed 8/25/2024, https://m.weibo.cn/u/5997913480?t=0&luicode=10000011&lfid=100103type%3D1%26q%3DReman

(56) "Chinese National Sentenced to More than Three Years in Federal Prison for Attempting to Illegally Export Maritime Raiding Craft and Engines to China." Office of Public Affairs | Chinese National Sentenced to More than Three Years in Federal Prison for Attempting to Illegally Export Maritime Raiding Craft and Engines to China | United States Department of Justice, US Department of Justice, 22 July 2022, www.justice.gov/opa/pr/chinese-national-sentenced-more-three-years-federal-prison-attempting-illegally-export.

(57) 本節內容的早期版本曾以研究論文形式發表於歐洲情報學院（European Intelligence Academy）。https://www.rieas.gr/images/editorial/EIAPaper5.pdf Dec 2023. Paper No. 5.

(58) 在本文中，間諜行為的定義包括：非法從事情蒐活動、經濟間諜行為、祕密行動、研究成果竊取，以及涉及雙重用途與軍事相關技術的非法出口行為。

(59) Ibid.

(60) 在儒家文化為基礎的社會（如中國）中，教育與學者被視為值得尊敬與讚譽的對象。學者通常能獲得財務上的回報。真正以學術升遷為動機的經濟間諜案件極為罕見，然而，在涉及研究違規的案件中，這幾乎總是其主要動機。

(61) 當然，這裡所討論的內容並不包括網路間諜行為（cyber espionage）。

(62) US Department of Justice(2024, September 24). Chinese national residing in California arrested for theft of artificial intelligence-related trade secrets from google. Office of Public Affairs | Chinese National Residing in California Arrested for Theft of Artificial Intelligence-Related Trade Secrets from Google | United States Department of Justice. https://www.justice.gov/opa/pr/chinese-national-residing-california-arrested-theft-artificial-intelligence-related-trade

(63) 如果個人在被發現擅自攜帶受限資料時，最常見的藉口是「居家工作」。

(64) 該個人通常會相當坦率地向中國單位透露，自己正在使用從外國公司竊取的商業機密。See cases: Xu Yanjun, Li Ding, Zheng.

(65) 見 Su Bin and Xu Yanjun – Gu Gen, Safran Aviation.

(66) 在接受 FBI 約談時，Shannon You 表示，在正式為中國的新公司工作之前，她對於移交從可口可樂竊取的商業機密一直有所保留。

(67) 在本資料庫中，針對海外異議組織的脅迫行動被歸類為「祕密行動」，亦即代表中國政府祕密地進行行動。

(68) United States vs. Joseph Schmidt. Case 2:23-cr-00158-JCC Document 6-1 Filed 10/06/23, Pg. 18

(69) "Communist Party seeks to mandate jail time for 'hurting the

feelings of the Chinese nation"', By Timothy H.J. Nerozzi Fox News, Published September 12, 2023, 11:34am EDT. https://www.foxnews.com/world/communist-party-seeks-mandate-jail-time-hurting-feelings-chinese-nation

(70) United States vs. JIN XINJIANG (AKA Julien Jin). Criminal Complaint. Case No. 20-MJ-1103. Nov 20, 2020. https://www.courtlistener.com/docket/18756735/1/united-states-v-jin/

(71) Ibid.

(72) Ibid.

(73) YANQING YE 是聯邦調查局通緝要犯，罪名是擔任外國政府代理人；簽證詐欺；做出虛假陳述；共謀。https://www.fbi.gov/wanted/counterintelligence/yanqing-ye Accessed Sept. 16, 2023

(74) Federal Bureau of Investigation (2020, September 3). Apt 41 Group. https://www.fbi.gov/wanted/cyber/apt-41-group

(75) Pei. Minxin, The Sentinel State, Harvard University Press, Cambridge, Massachusetts. 2024, p. 122.

(76) Ibid.

(77) United States vs. Xu Yanjun, U.S. Department of Justice, Criminal Complaint. Filed 04/04/2018 Case No. 1:18-CR-00043.

(78) Pei. Minxin, The Sentinel State, Harvard University Press, Cambridge, Massachusetts. 2024, p. 122.

(79) Ibid. p. 99.

(80) Ibid.

(81) Ibid. p. 107.

(82) Ibid.

(83) Ibid.

(84) Ibid.

(85) Jin, X., Xin, Y., Liping, X., & Adhikari , A. (2022, May 6). Political governance in China's state-owned enterprises. China Journal of Accounting Research. https://www.sciencedirect.com/science/article/pii/ S1755309122000168?via%3Dihub

(86) Pei. Minxin, The Sentinel State, Harvard University Press, Cambridge, Massachusetts. 2024. p. 122, 4, 225.

(87) United States vs. Xinjiang Jin (AKA Julien Jin), Zoom. The case is addressed in this text.

(88) https://www.bbc.com/news/av/world-asia-china-42248056, In Your Face: China's all-Seeing State, BBC News. 10 Dec 2017, 1:35 – 2:49.

(89) People's Daily. (2013, November 13). Xi Jinping personally explains the functions of the National Security Commission, which has greater power than the US National Security Commission. http://politics.people.com.cn/n/2013/1117/c1001-23567571.html

(90) Ron Hansen, retired Defense Intelligence Agency; Moinian Shapour, retired US Army; Colonel Henri Magnoc, French DGSE.

(91) United States vs. Edward Peng, Indictment, Department of Justice, 2019.

(92) Dead Drop 是間諜手法中的一個術語。這是一種方法，招募來的線民會在某一地點投遞資料，並在另一地點領取報酬。透過這種方式，線民與聯絡人不會見面。即使線民與聯絡人並未會面，標準做法仍包括進行反監視路線與其他行動，以辨識敵對的反情報監控。

(93) US Department of Justice. U.S. vs. Xuehua "Edward" Peng, Exhibit 2A, https://www.youtube.com/watch?v=Op5nROF7IAo

(94) 在調查期間，聯邦調查局成功拍攝了彭在這間飯店房間內的情況。

US Dept of Justice. Sep 30, 2019, U.S. vs. Xuehua "Edward" Peng, Exhibit 2A. https://www.youtube.com/watch?v=Op5nROF7IAo

(95) Kevin Mallory, David Zheng, Schultz, etc.

(96) 這是一種國安部經常使用的技術，特別是在整個東南亞地區。

(97) 從這起案件及其他間諜案件的分析中，還可以得出許多其他結論。但我選擇不將它們寫出來，以避免提供國安部學習的機會。

(98) Ng, Charmaine. "Dickson Yeo's Digital Footprint: Glimpse into Political Views, Childhood, Personal Convictions." *The Straits Times*, 11 Aug. 2020, www.straitstimes.com/singapore/dickson-yeos-digital-footprint.

(99) Paddock, Richard C. (August 5, 2017). "Singapore Orders Expulsion of American Academic". *The New York Times*. Archived from the original on January 28, 2019. Retrieved April 28, 2023.

(100) The Straits Times, Singapore "LKY School professor Huang Jing banned, has PR cancelled, for being agent of influence for foreign country" by Royston Sim. Aug 4th, 2017. https://goodyfeed.com/huang-jing-facts/

(101) 智庫是中國國安部人員常用的掩護身分。已被定罪的間諜與前行動幹員凱文・馬勒里就是被設在上海的智庫所招募。被定罪的愛沙尼亞間諜穆措與庫茲也同樣是被軍事情報人員以一個「一帶一路」相關的智庫為掩護所招募。

(102) Yong, Michael. Channel News Asia. "How a Singaporean man went from NUS PhD student to working for Chinese intelligence in the US.", 25 July 2020. https://www.channelnewsasia.com/singapore/dickson-yeo-us-china-intelligence-singapore-nus-phd-711701

(103) Power, John. "More Chinese Nationals Searched at US Customs: Official Data." South China Morning Post, 5 Aug. 2020, www.

scmp.com/news/china/article/3096206/more-chinese-nationals-searched-us-customs-government-data-shows

(104) "Chinese Embassy Issues Reminder to Citizens over U.S. Border Customs Checks." China News Service Website - Headlines, Stories, Photos and Videos, China News, 25 May 2020, www.ecns.cn/news/ society/2020-05-25/detail-ifzwqsxz6423149.shtml.

(105) US Dept. of Justice, Officer of China's People's Liberation Army Arrested At Los Angeles International Airport, June 11, 2020. https://www.justice.gov/usao-ndca/pr/officer-china-s-people-s-liberation-army-arrested-los-angeles-international-airport

(106) 我和凱文一起在外交安全局（Diplomatic Security Service）接受訓練的五個月期間，幾乎每天見面。我們一起受訓，也住在同一棟宿舍裡。由於我們是班上唯一會說中文的人，幾乎每天都會交談。我們後來還有機會在國防情報局（DIA）共事。

(107) Shanghai Academy of Social Sciences, About Us. https://www.sast.org.cn/en/ accessed April 28, 2023.

(108) 凱文‧馬勒里是我在聯邦法律執法訓練中心（FLETC）的同學，我們一起接受訓練。

(109) 值得注意的是，中國國安部已經發展出一種行動模式：最初透過社群媒體招募並管理線民，而一旦目標被認定為重要的線民，便會將關係轉移至數位化的祕密聯絡方式。

(110) "Su Bin - U.S. District Court - Complaint June 27, 2014." United States of America vs. Su Bin, Criminal Complaint, Case No. 14-1318M , US District Court, Central District of California, 27 June 2014. www.documentcloud.org/documents/1216505-su-bin-u-s-district-court-complaint-june-27-2014.html.

(111) Ibid. p. 17.

(112) 滲透美國公司（主要是波音公司）取得了關於 F-35 戰鬥機、F-22 戰鬥機以及 C-17 運輸機的技術資料。
(113) Ibid. p. 45.
(114) Ibid. p. 36.
(115) Inmate Locator. BIN SU, Register Number: 00279-461 https://www.bop. gov/inmateloc/. 就這一差異向聯邦監獄局提出的質詢沒有得到回應。
(116) National Counterintelligence and Security Center (n.d.). National Counterintelligence and Security Center. Safeguarding our Future: PRC Subnational Influence Operations. Retrieved December 27, 2024, from https://www.dni.gov/files/NCSC/documents/SafeguardingOurFuture/PRC_Subnational_Influence-06-July-2022.pdf
(117) News. "Former US military pilot Daniel Edmund Duggan face extradition to US after arrest in Australia under sealed warrant." 25 October 2022. Accessed 1/8/2024 https://www.abc.net.au/news/2022-10-25/former-us-military-pilot-who-worked-in-china-arrested-in-austral/101576378,
(118) T. U. (2024, November 15). Meet the pilots behind China's growing 'Top Gun' program (and the Canadian team training them). Retrieved November 24, 2024, from https://medium.com/areas-producers/meet-the-pilots-behind-chinas-growing-top-gun-program-and-the-canadian-team-training-them-f50820c0d407
(119) National Counterintelligence and Security Center, Safeguarding our Military Expertise. FVEY Bulletin, Washington DC. 5 June 2024. Safeguarding_Our_Military_Expertise.pdf (dni.gov)
(120) 配偶被判罪的唯一原因是明知該筆資金的來源仍使用該筆金

錢。
(121) Directoire Générale de la Sécurité Intérieure. "Order of reclassification, partial dismissal and indictment before the Assize Court on December 2, 2019 (D1324). p. 8.
(122) Ibid.
(123) PSA集團是法國主要汽車製造商之一，1976年由Peugeot（標緻）與Citroën（雪鐵龍）合併成立，為一家控股公司。
(124) Directoire Générale de la Sécurité Intérieure. "Order of reclassification, partial dismissal and indictment before the Assize Court on December 2, 2019 (D1324). p. 18.
(125) Ibid. p.17.
(126) Interview with Bernard Grelon, DGSE Attorney for the case, French Public Television Documentary on Chinese Espionage. https://app.frame.io/reviews/2cc9c9c2-e70f-469f-9791-81eaf39a10c3/eb371c8f-d97c-4afd-8d0f-5c8fb2fb8adc, 30:18 – 33:00.
(127) Directoire Générale de la Sécurité Intérieure. "Order of reclassification, partial dismissal and indictment before the Assize Court on December 2, 2019 (D1324). p. 21.
(128) 情報機構因掌握大量資訊而成為敵對（亦包括友好）情報機構的主要目標。這些資訊包括來自各種情報來源及與外國政府（聯絡單位）之間的情報交換資料。
(129) RIGIKOHUS CRIMINAL COLLEGION CASE DECISION on behalf of the Republic of Estonia. Case number 1-21-1421 Decision 16 June 2023 Judiciary Chairman Paavo Randma.
(130) Ibid. pp. 2, 3.
(131) Ibid. p. 4.

(132) Ibid. p. 5.
(133) Republic of Estonia, Maritime Transportation Portal http://on-line.msi.ttu.ee/metoc/, Accessed 1/16/2024.
(134) 值得注意的是，中國在 2023 年下令撤除境內所有外國氣象設備。
(135) RIGIKOHUS CRIMINAL COLLEGION CASE DECISION on behalf of the Republic of Estonia. Case number 1-21-1421 Decision 16 June 2023 Judiciary Chairman Paavo Randma., 10. 17.-24 p. 3.
(136) Ibid. p. 7.
(137) Ibid. pp. 9, 10.
(138) 這款加密應用程式由一家俄羅斯公司擁有，因此西方國家不太可能獲得其資料的存取權。
(139) United States vs. Wenheng (AKA Thomas) Zhao, US District Courts for the State of California. Case: 2:23-cr-00372-RGK, 2023.
(140) "Two Chinese Intelligence Officers Charged with Obstruction of Justice in Scheme to Bribe U.S. Government Employee and Steal Documents Related to the Federal Prosecution of a PRC-Based Company." Eastern District of New York | Two Chinese Intelligence Officers Charged with Obstruction of Justice in Scheme to Bribe U.S. Government Employee and Steal Documents Related to the Federal Prosecution of a PRC-Based Company | United States Department of Justice, US Department of Justice, 24 Oct. 2022, www.justice.gov/usao-edny/pr/two-chinese-intelligence-officers-charged-obstruction-justice-scheme-bribe-us.
(141) 看來該線民並非華裔。因為該線民提到，由於證人的名字是中文，他／她記起來會有困難。
(142) FBI 的調查包括對奇異公司（GE）員工 David Zheng 和中國國

安部幹員徐炎鈞的手機、電子郵件帳號和電腦執行搜索令。
(143) United States vs. Xu Yanjun, U.S. Department of Justice, Filed 04/04/2018 Case No. 1:18-CR-00043, Exhibit 60b-001.
(144) Ibid. Exhibit 60b-0019.
(145) 江蘇省國際科技發展協會。
(146) United States vs. Yabjub Xu. Indictment, Case: 1:18-cr-00043-TSBDoc#: 181 Filed: 12/03/21 Page: 11 of 208
(147) 根據賽峰集團網站的訊息，這家中國公司很可能是中國商用飛機有限責任公司（COMAC）。https://www.safran-group.com/countries/china, accessed 12/30/2023
(148) French Public Television. Documentary "Chine Espionage.", Interview with Johanna Brouse, Deputy Prosecutor of Paris, Cyber Division. 16:32 – 20:10. https://app.frame.io/reviews/2cc9c9c2-e70f-469f-9791-81eaf39a10c3/eb371c8f-d97c-4afd-8d0f-5c8fb2fb8adc
(149) Ibid.
(150) United States vs. Yanjun Xu. U.S. Department of Justice, United States District Court, Southern District of Ohio, Case No. 1:18-cr-00043-TSB, Filed 04/04/2018, https://www.justice.gov/opa/press-release/file/1099881/download
(151) Kozy, Adam. "Two Birds, One STONE PANDA." CrowdStrike, C 29 Mar. 2019, www.crowdstrike.com/blog/two-birds-one-stone-panda/
(152) Investigations into China's cyber collection activities indicate collection efforts from the following State Security Departments: KRYPTONITE PANDA/APT40 – Hainan, TURBINE PANDA/APT26 – Jiangsu, STONE PANDA/APT10 – Tianjin, GOTHIC

PANDA/APT3 – Guangdong. 他們瞄準的是歐洲和美國的同類技術。此外,解放軍和國營企業也與透過香港行動的簽約駭客合作,攻擊了美國航空航太公司。(United States vs. Stephen Subin).

(153) 在另一宗無關案件中,2018 年,中國國安部幹員徐炎鈞亦因企圖竊取奇異公司(GE)渦輪機技術的商業機密而被起訴。

(154) UNITED STATES vs. ZHENG Xiaoqing and ZHANG Zhaoxi Indictment, Case 1:19-cr-00156-MAD, Filed 04/18/19, https://www.justice.gov/opa/press-release/file/1156521/download pp. 7, 8.

(155) https://www.justice.gov/opa/press-release/file/1156521/download

(156) 「國防七子」之一。

(157) About: Shenyang Aeroengine Research Institute. (n.d.). Dbpedia.org. Retrieved January 9, 2024, from https://dbpedia.org/page/Shenyang_Aeroengine_Research_Institute.

(158) See for example, Donfang "Greg" Chung, "Former Boeing Engineer Convicted of Economic Espionage in Theft of Space Shuttle Secrets for China." The United States Department of Justice, 16 Sept. 2014, www.justice.gov/opa/pr/former-boeing-engineer-convicted-economic-espionage-theft-space-shuttle-secrets-china

(159) Brady, A. M. (2019, January 8). Magic Weapons: China's political influence activities under Xi Jinping. Retrieved from https://www.wilsoncenter.org/article/magic-weapons-chinas-political-influence-activities-under-xi-jinping, 23 August, 2020

(160) (2018, May). CHINA AND THE AGE OF STRATEGIC RIVALRY: Highlights from an Academic Outreach Workshop. Canadian Security and Intelligence Service, https://www.canada.ca/content/

dam/csis-scrs/documents/publications/CSIS-Academic-Outreach-China-report-May-2018-en.pdf

(161) (2020, August 08). Eftimiades, N. (2018, December 4). The Impact of Chinese Espionage on the United States. Retrieved from https://thediplomat.com/2018/12/the-impact-of-chinese-espionage-on-the-united-states/

(162) Most Americans hold Unfavorable Views of China 2024 Retrieved from https://www.pewresearch.org/global/2024/05/01/americans-remain-critical-of-china/

(163) Way Back Machine, 2012-2013 SOLAR Award Winners (archive.org).

(164) The Sun. UNDERCOVER LOVER Who is Chinese honey trap spy Fang Fang? By Katrina Schollenberger, 8 Dec 2020. Accessed 4 May 2022. Who is Chinese honey trap spy Fang Fang? (the-sun.com)

(165) 在情報間諜術語中,「身分掩護」（Cover for Status）是為了讓情報人員（或線民）在特定地點出現時,看起來有合情合理的理由（例如:參加政治活動）。而「行動掩護」（Cover for Action）則是為了掩飾其進行特定行動的理由（例如:為政治候選人募款）。

(166) Allen, Bethany, *Beijing Rules: How China Weaponized Its Economy to Confront the World*, First Edition. Harper. 2023.

(167) Ibid.

(168) Ibid.

(169) 可以確定,這類型的影響力行動並不僅限於美國。正如本報告中其他案例所示,國安部在多個國家皆積極嘗試祕密影響政治領袖。Supra note 34, at 17-18.

(170) Pillsbury, M. (2015). *The hundred-year marathon: China's secret strategy to replace America as the global superpower*. First edition. New York, Henry Holt and Company.

(171) https://www.dailymail.co.uk/news/article-10408135/Pictured-Husband-Beijing-spy-Christine-Lee-named-MI5-security-alert-spotted-near-1M-home.html

(172) Pianogate Livestream. https://www.youtube.com/watch?v=65iwnI2hjAA

(173) Ibid.

(174) Dunning, S. (2024, March 19). The amateur sleuths taking on the CCP. UnHerd. https://unherd.com/2024/02/the-amateur-sleuths-taking-on-the-ccp/

(175) Special Immigration Appeals Commission, The Honourable Mr. Justice Bourne Upper Tribunal Judge Stephen Smith ' Sir Stewart Eldon. Appeal No: SC/205/2023 HearingDate:9'11July,10'h July,11th July 2024 Post-hearing submissions received on: 30th August, 6th September,10th September 2024 Date of Judgment: 12'h December 2024.

(176) Ibid. p. 3.

(177) Ibid. p. 4.

(178) Reuters. "Chinese Woman Arrested in Germany on Suspicion of Espionage, Prosecutor Says." US News & World Report, U.S. News & World Report, 2024, www.usnews.com/news/world/articles/2024-10-01/chinese-woman-arrested-in-germany-on-suspicion-of-espionage-prosecutor-says. Accessed 8 Dec. 2024

(179) FBI Criminal Complaint, https://www.justice.gov/opa/press-release/file/1347146/download Accessed 2/1/2022

(180) Zoom Blog, https://blog.zoom.us/our-perspective-on-the-doj-complaint/
(181) FBI Wanted List, https://www.fbi.gov/wanted/counterintelligence/xinjiang-jin
(182) Marczak, B., & Scott-Railton, J. (2021, June 29). Move fast and roll your own crypto: A quick look at the confidentiality of Zoom meetings. The Citizen Lab. https://citizenlab.ca/2020/04/move-fast-roll-your-own-crypto-a-quick-look-at-the-confidentiality-of-zoom-meetings/
(183) Zoom Blog, https://blog.zoom.us/our-perspective-on-the-doj-complaint/
(184) Ibid.
(185) The United States vs. Xinjiang "Julien" Jin. United States District Court, Eastern District of New York. No. 20-MJ-1103, 19 November 2020.
(186) FBI Criminal Complaint, United States vs. Xinjiang Jin. https://www.justice.gov/opa/press-release/file/1347146/dl , 2020.
(187) 回族是中國的穆斯林族群（即非突厥裔或蒙古裔），與漢族通婚融合。他們主要分布在中國西部地區，包括新疆、寧夏、甘肅、青海、河南、河北、山東與雲南。
(188) https://books.google.se/books/about/The_Uyghur_Enigma.html?id=YkfxsgEACAAJ&redir_esc=y
(189) 與消息來源的電子郵件往來。
(190) 網路間諜案件僅限於那些在美國被識別並起訴的個人。
(191) 中國首次被揭露使用 dead drop 手法的案例是 2019 年的彭學華案。
(192) United States vs. Kevin Patrick Mallory, Defendant. Criminal No.

1:17- CR-154, United States District Court for the Eastern District of Virginia Alexandria Division, July 26, 2018. https://www.justice.gov/opa/press-release/file/975671/download

(193) US Law - United States Code.

(194) (2017, July 7). United States vs. Mallory. Retrieved from https://casetext.com/case/united-states-v-mallory-31

(195) 前中情局案件幹員 Alexander Yuk Ching Ma 被判有罪（案件編號：1:20-mj-01016-DKW-RT）。該案件也採用了相對成熟的間諜手法。

(196) 在情報術語中，「agent（特務）」指的是被招募的線民，通常常駐於目標國家或定期前往該國執行任務。

(197) Overend, William. "China Seen Using Close U.S. Ties for Espionage: California Activity Includes Theft of Technology and Surpasses That of Soviets, Experts Believe." *Los Angeles Times*, 20 Nov. 1988, www.latimes.com/archives/la-xpm-1988-11-20-mn-463-story.html

(198) 線民驗證（Asset validation）是一項持續進行的程序，目的是確保所招募之特務（線民）的忠誠與真實性。此程序的目標是防止資產遭到外國情報機構操控、滲透，或反過來對原本的情報機構進行背叛行動。

(199) Churchill, Owen. "Chinese Military Uses Houston Consulate to Steal Research, US Diplomat Says." *South China Morning Post*, 23 July 2020.

(200) 有關為中國從事產業間諜活動的內部人員，其行為細節還有許多未盡述之處。

(201) 其中包括 112 家由中國共產黨認定的國有企業。

(202) Le_Figaro, Christophe Cornevin, and Jean Chichizola. "Les

Révélations Du Figaro Sur Le Programme D'espionnage Chinois Qui Vise La France." Le Figaro, 22 Oct. 2018, www.lefigaro.fr/actualite-france/2018/10/22/01016-20181022ARTFIG00246-les-revelations-du-figaro-sur-le-programme-d-espionnage-chinois-qui-vise-la-france.php

(203) "BfV-Newsletter Nr. 4/2017 - Thema 5." Bundesamt Für Verfassungsschutz, Bundesamt Für Verfassungsschutz, 28 Dec. 2017, www.verfassungsschutz.de/de/oeffentlichkeitsarbeit/newsletter/newsletter-archive/bfv-newsletter-archiv/bfv-newsletter-2017-04-archiv/bfv-newsletter-2017-04-thema-05

(204) 與一位曾多次被接觸的前國安顧問的多次通信。這些接觸後來被確認為假訊息，但其來源來自中國。

(205) 2024年11月，一名前國安顧問被接觸。我查看了那些電子郵件，內容包括請求該人士撰寫一篇論文及所提供的報酬。

(206) 中國駐美國大使館警告禁止經華盛頓杜勒斯機場入境。01/29/2024. https://www.shine.cn/news/nation/2401290902/

(207) Eric 是一位叛逃至澳洲的中國公安部人員。

(208) OECD/EUIPO (2016), Trade in Counterfeit and Pirated Goods: Mapping the Economic Impact, Illicit Trade, OECD Publishing, Paris, https://doi.org/10.1787/9789264252653-en.

(209) (2013, May). The Commission on the Theft of American Intellectual Property. Retrieved from http://www.ipcommission.org/report/ip_commission_report_052213.pdf

(210) Eftimiades, N. (2018, December 4). The Impact of Chinese Espionage on the United States. Retrieved from https://thediplomat.com/2018/12/the-impact-of-chinese-espionage-on-the-united-states/

(211) Eftimiades, N. (2018, December 4). The Impact of Chinese Espionage on the United States. Retrieved from https://thediplomat.com/2018/12/the-impact-of-chinese-espionage-on-the-united-states/

(212) Review of database cases.

(213) 人員數量無法準確反映實際情況，因為各情報機構除了對抗中國情報活動之外，還承擔了許多其他職責。

(214) FBI 局長表示，FBI 平均每 12 小時就啟動一項與中國有關的調查. NBC News, 21Sept 2021. https://www.nbcnews.com/politics/national-security/fbi-director-says-new-probes-china-launched-every-12-hours-n1279724

附錄

✚ 金新江案相關涉案人士

黃奕雯，又名「Nicole Huang」，25歲，浙江省女性。她可能是公安部特工。據信她目前身處印尼或中國。

傅一彬，39歲，男性。自2005年左右起，擔任公安部警員，駐浙江省網安總隊。

劉智洋，男，43歲，2002年7月起擔任駐北京公安部第一局幹部。

宋國榮，43歲，男性。2020年起，宋一直擔任公安部官員，駐杭州西湖區網路警察。

徐威，35歲，男性。自2011年6月左右起，擔任杭州西湖區網信辦幹部。

金濤，男性。至少自2020年起，持續擔任公安部網路警察，駐在杭州。

Civitas 共同體 ──── 002

中共間諜戰術全解析
800 起真實案例，前美國中情局官員揭露全球共諜行動的面貌

作　　　者	尼可拉斯・艾夫提米亞迪斯
譯　　　者	江冠廷
責 任 編 輯	林家鵬
社長暨總編輯	涂豐恩
內 頁 排 版	江宜蔚
校　　　對	呂佳真
封 面 設 計	兒日設計
出　　　版	有理文化有限公司
發　　　行	遠足文化事業股份有限公司（讀書共和國出版集團）
地　　　址	新北市新店區民權路 108 之 4 號 5 樓
電　　　話	02-2218-1417
客 服 專 線	0800-221-029
信　　　箱	service@bookrepclub.com.tw
法 律 顧 問	華洋法律事務所 蘇文生律師
印　　　刷	博客斯彩藝有限公司
地　　　址	新北市中和區中板路 18 巷 3 弄 22 號 4 樓
電　　　話	02-8245-6383
初 版 一 刷	2025 年 9 月
定　　　價	380 元
I S B N	978-626-99892-6-3

國家圖書館出版品預行編目資料

中共間諜戰術全解析：800 起真實案例，前美國中情局官員揭露全球共諜行動的面貌／尼可拉斯・艾夫提米亞迪斯 著；有理編輯部 譯--初版 . . . -- 新北市：有理文化有限公司出版：遠足文化事業股份有限公司發行，
2025.09
面； 14.8 × 21公分. --（Civitas共同體；2）
ISBN 978-626-99892-6-3（平裝）

1.CST: 情報戰 2.CST: 情報組織 3.CST: 中國

599.722　　　　　　　　　　　　114010466

版權所有，未經同意不得重製、轉載、翻印
Printed in Taiwan